서문문고
171

한국의 지혜

김 덕 형 지음

서 문

  이 땅에 살아온 우리 선조들은 정치·경제·사회·문화 등 여러 방면에 걸쳐 많은 지혜를 토해 냈다. 우리가 살고 있고 또 우리 뒤의 후손들이 살아갈 똑같은 장(場)—한국의 산하(山河)에 먼저 살다 간 선조들의 슬기를 집약시켜 본 것이 이 책의 내용이다.

  본래의 기획은 조선일보 연재물로 첨성대·석굴암·고려청자·금속활자·거북선·훈민정음·암행어사·개성장부 등이 1971년 5월 말부터 매주 컬러면에 게재되었던 것인데, 나머지 항목은 컬러 사진을 계속 담기 힘든 제약이 있어 중단하지 않을 수 없었다. 당시 필자는 가급적 한국의 모든 지혜를 알리고 싶은 의욕으로 직접 그 원점(原點)을 찾아 현지 답사 취재도 했었다. 이 모두를 포함시켜 한국사(韓國史) 전체에 나타난 각 분야의 하이라이트—문물·제도 30가지를 뽑아 ≪한국의 지혜≫로 묶은 것이다. 이곳에 수록된 항목 하나하나는 모두 앞으로 각 전문가들이 생애를 걸고 연구해도 부족함이 없을 만큼 역사적으로 가치 있는 것들이다. 따라서

30가지의 '지혜' 모두가 각각 하나의 체계적인 연구 문헌으로 꾸며도 족할 것이다. 하지만 이런 문물·제도의 정수(精髓)에 그저 압도되어 주저하기만 한다면 그것 또한 곤란하다고 생각되었다.

한국인이면 누구든지 한국사의 자랑거리가 무엇인가 하고 궁금해하면서도 그 진상에 대해서는 잘 모른다. 예를 들어 최고학부까지 나와 외국 유학을 간 사람들이 그곳 현지에서 한국을 알려주는 대변인 역을 자연히 맡아야 할 때 그는 어떻게 해야 할 것인가? 이러한 요청에 응하고자 기획된 것이 이 책의 내용이다. 까다롭고 난삽한 우리의 독특하고 떳떳한 제도·문물의 결정(結晶)들을, 비교적 쉽고 간결하게 집약시켜 일반인의 조국에의 상식을 고심화(高深化)하는 소재로 기억할 수 있으리라고 생각된다. 또 상당 수준에 달한 전문가들도 선조의 슬기들을 다각적으로 이해하여, 자기 영역을 연구하는 준거(準據)로 유추·적용할 수 있는 자료로 활용될 수도 있을 것이다. 여기에 소개된 어느 항목에 대해서도 결코 전문가라고 자처할 수 없는 필자가, 외람되게도 부분적으로 비견을 제시한 것도 문외한으로서의 접근이 때로는 뜻밖의 연구 단서를 제공할 수 있으리란 충동에서였다. 집필을 하는 동안 빼어난 선조들의 슬기를 오늘의 시각(視覺)으로 계발(啓發)하고, 우리의 삶 속에 연결시켜 살찌워 가야 하리라는 강렬한 욕구가 불끈 솟구치기도 했다.

또한 한국사 연구에 심혈을 기울여 온 많은 학자와 지성들의 열기를 감지하면서 숙연한 심경에 사로잡힌 적이 한두 번이 아니다. 이들의 덕분으로 우리는 희미하게 부각되어 온 우리 역사 속의 잔상(殘像)들을, 시공(時空)을 꿰뚫고 더욱 선명하게 탐조(探照)할 수가 있는 것이다.

끝으로 이 연재물에 대해 진지한 관심과 반응을 보내 준 조선일보 사장님께 심심한 사의를 표한다.

金德亨

⊠ 한국의 지혜

차　례

한국의 지혜

단군신화

　신화는 인류가 언어로 의사표시를 하고 감정을 나타낼 수 있었을 때 이미 성립된 것으로 생각된다. 천체의 운행이나 자연의 변화, 생명의 정체 등 주위의 모든 신비스런 대상과 현상에 대한 가치관이 신화 속에 담겨 있다. 따라서 신화는 한 민족의 심층 깊숙이 잠재하는 생활사의 단면이며, 종교·철학·문학이 혼재(混在)한 정신적 고향이랄 수 있다.

　이 때문에 신화를 지닌 민족은 정신적 근원과 삶의 본적을 떳떳이 자부할 수 있는 문화창조의 잠재역량을 함유하고 있는 것이다. 오늘의 구미(歐美) 문명의 바탕이 그리스·로마신화, 히브리신화에서 비롯되고 있음은 이러한 사실의 입증이다.

　우리나라 최초의 국가인 단군조선의 근간을 이루는 단군신화는 《삼국유사》 고구려조, 《세종실록》 지리지(地理志), 이승휴의《제왕운기》, 권남의 《응제시주》 등에 그 기록이 나타난다.

　우선 《삼국유사》 기이편(紀異編) 고조선조에 실린

내용을 인용해 보자.

　'옛날에 환인(桓因)의 서자 환웅(桓雄)이 뜻을 항상 인간 세상에 두자, 아버지가 아들의 뜻을 알고 천부인(天符印) 3개를 주어 세상에 내려 보내 세상 사람을 다스리게 했다. 환웅이 무리 3천을 거느리고 태백산 꼭대기의 신단수(神壇樹) 밑에 내려와 그곳을 신시(神市)라 이르니, 이분이 환웅천주(桓雄天主)란 어른이다. 그는 풍백·우사·운사를 거느리고 곡(穀)·명(命)·병(病)·형(刑)·선(善)·악(惡) 등 무릇 인간 360여 가지 일을 맡아서 세상을 다스리고 교화하였다. 그때에 곰 한 마리와 범 한 마리가 같은 굴 속에 살며 항상 환웅에게 사람이 되게 해달라고 빌었다. 한 번은 신이 신령스러운 쑥 한 자루와 마늘 20톨을 주며, 너희들이 이것을 먹고 100일 동안 햇빛을 보지 아니하면 곧 사람이 되리라 하였다. 곰과 범이 이것을 받아서 먹고 근신하기 3·7일 만에 곰은 여자의 몸이 되고 범은 삼가지 못하여 사람이 못 되었다. 웅녀(熊女)는 자기와 결혼해 주는 이가 없자 또 신단(神壇) 아래서 아기를 갖게 해달라고 축원했다. 환웅이 이에 잠깐 변하여 결혼해서 아이를 낳으니 그가 바로 단군왕검(檀君王儉)이다. 왕검은 당고요(唐高堯)의 즉위 후 50년경인 B.C. 2333년에 평양성에 도읍하고, 조선(朝鮮)이라 일컬었다. 이어서 도읍을 백악산 아사달(阿斯達)로 옮겼는데 그곳을 궁홀산(弓忽山)이라고도 했다. 단군은 1500년 동안 나라를 다스렸다고 한다. 주(周)의 호왕(虎王)이 즉위한 기묘에 기자(箕子)를 조선에 봉하니, 단군은 장당경(藏唐京)으로 옮겼다가 후에 아사달로 돌아와 숨어서 산신이 되니, 나이가 1908세였다 한다.'

이처럼 한국의 신화에는 창조신화나 개벽신화와 같은 태초적인 신화는 없고 다만 국조신화만 남아 있다. 단군신화에는 천지가 어떻게 개벽했으며, 또 인간이 어떻게 창조되었는가 하는 창세기적 요소는 찾아볼 수가 없다. 천지가 존재하고 인간창생이 존재한다는 것을 전제로 하여 이야기를 펼치고 있다. 이러한 사실은 한민족이 일찍이 오랫동안 대륙을 거쳐 오는 중에 창세신화를 망각해 버렸으며, 한반도에 정착했을 때는 이미 부족국가를 이뤄 그에 알맞는 국조신화의 창출에만 관심을 쏟은 것으로 보여진다. 국조신화에서는 하나의 영웅을 필요로 한다. 그 영웅이 역사상에 나타나는 실존 인물이라 해도, 그 생활 주변의 사건들은 대개 미화되거나 신비의 장막을 드리우게 마련이다. 단군신화도 이처럼 탄생 과정부터 생물학적으로는 불가능한 사실이 전개되고 있다. 곰이 백일기도 후 사람이 되어 환웅과의 사이에 단군이 태어났다는 황당무계한 서술로 나타나고 있는 것이다. 그 이후 고구려의 시조 동명성왕이나 신라의 시조 박혁거세가 모두 알에서 태어났다는 것은 유사한 사고방식의 소산이라 할 수 있다.

그러면서 다른 나라의 신화에 비해 특이한 것은, 하늘에서 땅으로 내려온 하느님의 아들을 적자가 아닌 서자로 그렸다는 점이다. 예수가 하느님의 독생자(獨生子)로 이 세상에 온 것과는 크게 대조된다. 인간 세계와는 너무나 거리가 먼 절대적인 천상의 질서와 연결짓기 위해서는 이러한 완충의 인간상을 그려야 했을 것이다. 환웅은 항상 뜻을 인간 세계에 두었으므로, 아버지인 환인이 이 뜻을 알고 세상에 내려 보내 인간을 다스리게 했다는 것이다. 예수의 경우처럼 세파에 허덕이는 인간을 구제하기 위해서가 아니라, 오히려 인간 세계를 동경하고 함께 살고자 한 긍정적인 입장에 선 것이다. 또 같은 굴 속에 사는 곰 한 마리와 범 한 마리가 신의 아들인 환웅에게 인간이 되게 해달라고 빌어, 일정한 인내의 시련을 겪고 이를 이겨낸 자는 인간이 될 수 있었다는 대목도 흥미롭다. 천상의 환웅이 인간이 되기를 원했듯이 지상의 곰과 범이 인간이 되기를 원한 것은, 곧 인간을 하늘과 땅의 중간적 존재로서 떳떳한 주체성을 부여한 인본주의의 표현이라 할 수 있다. 여자를 곰으로 상정하여 일정한 시련을 이겨냄을 조건으로 인간화시킨 것은 남성 우월의식과 아이를 낳을 때의 진통 등 여성의 생리적 고통을 감수해야 하는 운명을 암시한 것인지도 모른다. 구약성서에서 아담의 갈비뼈를 빼어 이브를 만들어 냈다는 신화와 대조시켜 볼 수가 있는 것이다.

환웅이 지상의 터전으로 잡았다는 신시(神市)는 아직 신의 세계에 속한다고 할 수 있으므로, 신비에 싸인 성역을 지칭하기 위한 뜻으로 풀이할 수 있겠으나, 지상의

인간으로 탈바꿈한 단군왕검이 평양성에 도읍했다는 것
은 어떻게 볼 것인지? 그 해석에 대해서는 여러 학자들
의 논의가 구구하나, 고조선 어떤 부족의 시조설화이든
단군신화가 신라의 삼국통일을 거쳐, 특히 고려시대에
이르러 민족적인 통일과업이 성숙됨에 따라 더욱 체계
화되어, 단군은 민족의 공동시조로 등장했으며 오늘날
까지 우리 민족의 시조로 숭상된다는 설이 일반론이다.

  고려시대에 단군신화가 크게 부각되고 민족의 신화로
서 다듬어진 이유를 캐기 위해서는, 그 당시의 시대적
배경 속에 뛰어들지 않으면 안 될 것이다. 단군신화를
민족의 신화로 승격시킨 《삼국유사》의 저자 일연(一
然)이 생존한 시대는, 13세기 전반에 걸친 최씨 정권의
전성기로부터 몽고 침입의 시기를 거쳐 강화천도, 몽고
에의 굴복 등 어지러운 시기였다. 한림학사 민지가 찬
(撰)하고 충렬왕 21년(1295년) 8월 일연의 문인 법진
(法珍)이 세운 '고려국 의흥 화산 조계종 인각사 가지산
하 보각국존비(高麗國義興華山曹溪宗麟角寺迦智山下普
覺國尊碑)'에서 그의 생애를 추적해 보자.

  일연은 희종 2년(1206년)에 출생했다. 그는 어려서
부터 눈매가 매서웠다고 한다. 9세에 남해의 무량사에
서 출가하고, 30대 이후 몽고 침입을 받아 난중을 경상
도 포산(包山)의 암자에서 보냈다.

  그는 몽고의 침입으로 황룡사 9층탑이 무참하게 잿더

미로 변한 것을 목격했고, 또 고려가 원에 굴복하여 민중이 호복을 입고 조야가 모두 굴욕적인 상황에 허덕이는 사실에 충격을 받았을 것이다. 고종 때의 몽고와의 싸움, 40년간의 강화 천도, 항복, 그 이후 몽고의 가혹한 지배를 통하여 우러난 적개심을, 우리 민족이 몽고족보다 우수한 '천손족(天孫族)'이며 따라서 선민(選民)이란 자부심을 요구했던 것이다. 《삼국유사》는 고종에서 충렬왕까지 청장년기를 거친 일연이 그의 만년인 충렬왕 7년(1281년)을 전후로 지은 것이다. 이 때문에 전래의 신화가 다소 불교이념의 영향을 받지 않았나 보여진다. '널리 인간을 이롭게 한다'는 홍익인간의 이념도 부처의 자비사상을 내포하고 있다고도 보여진다.

단군이 평양에 도읍하였다는 것도 고려 태조 이래의 북진정책과 관련이 있는 것으로 보여진다. 고구려의 옛 도읍으로 민족의 웅지를 펼치던 본거를 민족신화의 발상지로 지정한 것은, 몽고의 말발굽 아래 짓밟힌 당시 고려사회의 민족적 각성과 비원에 잘 맞는 극히 자연스러운 발상이었을 것이다.

어둠과의 투쟁에서 승리한 곰은 인간으로 환골탈태(換骨奪胎)하여 동굴에서 뛰어나와 환한 아침의 눈부신 광명을 되찾는다. 그러기에 어둠에서 해방된 웅녀의 아들 단군은 '아사달(아침이란 뜻)'에 도읍을 정했고 나라 이름도 '조선'이라 한 것이다. 해탈의 경지에 다다른 승

일연도 이런 감격을 맛보았을 것이고, 야만족의 침탈에서 오랜 굴종의 암흑시대를 지새운 고려인에게도, 힘과 용기를 줄 수 있는 밝고 희망에 찬 신화였음에 틀림없었을 것이다.

인간을 위해서 바람·비·구름을 거느렸다는 것은, 농경사회에서의 풍·흉작을 좌우하는 기후·자연의 조화를 관리할 수 있었다는 것이며, 1500년간 나라를 다스리며 1908세의 수(壽)를 누렸다는 것은, 제정일치(祭政一致) 시대의 정치 이상을 그대로 표현한 것이라 볼 수 있다.

또 주(周)의 기자를 조선에 봉했다든지, 신화 속에 구체적인 연대를 삽입시킨 것 등도, 고려시대에 이르러 중국과의 연관성, 중국사와 관련된 이야기로 꾸며진 것이 아닌가 보여진다.

고려 말기에 이르러서도 단군이 도읍했다는 평양은 신성한 고장으로 보았으며, 조선 왕조에 들어와서는 세종 때 평양에 사당을 지어 단군과 고구려의 시조 동명왕을 함께 모심으로써 명실상부한 국조(國祖)로 받들었다.

구한말에서 일제하에 걸쳐 외세의 침탈에 민족이 신음하면서, 단군신화는 다시 민족의식을 고취하는 정점으로 등장, 나철(羅喆)에 의해 단군을 섬기는 '대종교'가 생겨나(1909년) 종교적 신앙의 대상으로까지 되었다. 대종교는 단군왕검이 나라를 세운 날이라는 개천절을 제정하기도 했는데, 8·15 해방 후에는 정식 국경일로 채택되어 지켜지고 있다. 단군기원(B.C. 2333년)도 제정되어 사용해 왔으나, 5·16 이후에는 세계 공통인 서력(西歷) 기원을 사용하게 되었다.

　이처럼 단군신화는 우리의 생활 속에 용해되어 민족적 긍지를 심어 주고 있다. 단군신화가 오랜 세월에 걸쳐 체계화됨으로써, 우리 민족은 떳떳한 정신적 유산의 고향을 지닌 문화민족으로서의 자부심을 가질 수 있게 된 것이다. 말과 글에 스스로의 신화까지 지니고 있다는 것은, '위대한 민족의 영광'을 되찾을 수 있는 관성(慣性)의 표징이라고 할 수 있겠다.

첨 성 대

 동양 최고(最古)의 천문대로 알려진 첨성대(국보 제 31호)가 1300년의 풍상을 거슬러 경북 경주시 인왕동에 우뚝 서 있다. 신라 선덕여왕 16년(647년)에 건립된 이 석축 천문대는 높이 9m 11cm, 밑지름 4m 93cm, 윗지름 2m 85cm이다. 원통형의 안정세를 이룬 첨성대는 국가체제를 다듬기에 골몰했던 중기 신라의 모습을 담고 있다 할까. 대형(大型)에만 익숙한 현대인에게 옹골찬 신라미를 펼쳐 주고 있다. 궁궐이던 반월성 동북방 100여 미터의 당시 관아 한복판에 세워진 첨성대는, 지금의 서울에 비하면 중앙청 앞 세종로 네거리쯤에 위치한 셈이다. 그러나 지금은 은성(殷盛)했던 '서라벌 시대의 영광'은 아득한 역사 속에 묻힌 채, 주위에는 민가 몇 채가 쓸쓸히 서 있을 뿐, 허허벌판을 지켜보고 있다.

 첨성대는 당시 왕정과의 깊숙한 상관관계의 소산이었음을 시사하고 있다. 천(天)의 정치를 표방한 고대 국가체제 밑에서는, 천상(天象)을 구명하는 것은 곧 국가와 왕자(王者)의 안위를 가늠짓는 최상의 국사였을 테니까…….

단군신화에도 '환웅이 풍백(風伯)·우사(雨師)·운사(雲師)를 거느리고 태백산 밑 신시(神市)에 내려와서 인간을 다스렸다.'고 되어 있다. 또한 ≪삼국유사≫ 고조선조에도 하늘의 조화를 가늠하는 것이 곧 정치의 요체임을 상징짓고 있다. 고대 천문대의 정치기능은 첨성대에 한한 것이 아니라 동서에 공통된 것이었다. B.C. 3세기경 알렉산드리아에 세워진 프톨레미천문대도 정치와 연관된 점성 기능을 맡았었다. 바빌로니아 등 고대의 제왕들은 첨성대를 세우고, 전문적인 점성술사를 두어, 국가나 제왕의 운명만이 아니라 각 개인에 대해서도 따로 점을 치는 일이 행해졌다. 유럽에서는 르네상스 이후까지도 점성술이 성행하였으며, 그 이후의 천문학·수학·연금술·의학 등 자연과학의 발전에 많은 영향을 주었다.

≪증보문헌비고(增補文獻備考)≫의 상위(象緯)조나 ≪동경잡기(東京雜記)≫의 첨성대(瞻星臺)조 등의 기록에 의하면, 첨성대는 선덕여왕 16년에 건립되었으며 사람이 오르내리면서 천체를 관측하였다는 사실이 전해지고 있다. 지상 4m 16cm, 정남 방향에 뚫려 있는 유일한 창구(1변의 길이 약 1m) 밑에는 사다리를 걸쳐 놓았던 것처럼 보이는 흔적이 지금도 남아 있다. 이처럼 첨

성대가 일종의 천체관측용 천문대였음은 사실이지만, 구체적으로 어떤 기능을 발휘하였으며 무엇 때문에 세워졌는지, 또 사실상 무엇을 관측하였는지를 뚜렷이 밝혀 주는 문헌은 아직 발견되지 않았다. 구조적으로 첨성대의 진상이 드러난 것도 극히 최근의 일이다. 1962년 홍사준·정명호·유문룡씨가 첨성대의 안팎을 두루 실측하여, 배치도(2장)·단면도(2장)·평면도(2장)·각단 평면도(7장)·각종 상세도·중간 레불도·전개도 등을 제도, 작성하였다.

첨성대 실측보고인 ≪고고미술(考古美術)≫(1963년 5월호)에 의하면, 하층부터 23단까지 362장의 네모난 돌덩이로 쌓여 있고, 받침대 돌 8장, 상부 정자석(井字石) 2단 8장, 중간 정자석 8장, 남쪽 문 기둥 2장, 27단의 판석 1장으로 구성되어 있다.

첨성대의 구조적인 특징은 무엇보다도 사방 어디에서 보든지 똑같은 모습을 갖춰 4계절 24절기를 확정할 수 있도록 과학적으로 설계되었다는 점이다. 계절에 따라 태양의 위치가 바뀌어도, 해의 그림자를 측정하여 시각을 정확하게 측정할 수 있을 뿐 아니라, 동시에 춘·추분과 동·하지 점을 제대로 관측할 수 있도록 신기할 만큼 짜임새 있는 규모를 갖추고 있다. 정남방(正南方)에 뚫린 창문은 춘·추분에 태양이 남중(南中)에 올 때 햇빛이 바닥까지 완전히 비칠 수 있게 되어 있고, 동·

하지 때면 창문 아랫부분에서 완전히 사라지도록 되어 있다. 오늘날의 과학수준과도 걸맞는, 이처럼 치밀한 구조는 농경에 터를 잡은 당시 한국인의 실용주의적 생활 문화의 생생한 반영이라고 볼 수 있다. 전작(田作)에서 답작(畓作) 중심의 농업이 삼국시대의 기본산업으로 정착하면서 천재(天災)에서 헤어나 수확량을 늘리려던 자연에의 도전이라 풀이할 수 있는 것이다.

또 첨성대의 구조는 삼국시대의 우주관을 함축하고 있다. 일본의 화전웅치(和田雄治)는 첨성대의 구조가 중국의 전통적 우주관인 논천설(論天說)을 상징하는 것이라고 추론한 바 있다 《朝鮮古代觀測記錄調査報告》(대정 6년).

첨성대의 축조 양식은 천원(天圓)·지방(地方)을 상징하고 있다. 고구려의 고분에서 산견되는 일월성신도(日月星辰圖)와 그 구조의 특징에서, 특히 백제와 신라 천문대에서 제일차적 개천설(蓋天說), 즉 천원·지방의 사상적인 상징을 찾을 수 있다는 것이다.

《한국문화사대계(韓國文化史大系)》 중, 전상운의 '한국천문기상학사(韓國天文氣象學史)' 주비(周髀)의 글에 의하면 천(天)은 원(圓), 지(地)는 방(方)이며, 천은 북극을 중심으로 선전(旋轉)하고 지(地)는 정(靜)이다. 또한 주비의 법(法)에 의하면, 지면에 수직한 '팔척표(八尺表)'에 의하여 태양의 출입(出入)을 관측, 동서남북을 정하고, 태양의 고도를 측정하여 천지의 넓이를 추산한다. 또한 해그림자의 크기로 1년의 계절을 정하여, 그 길이를 365일 중 4분의 1이라고 결정한다. 이 '8척표'는 고대 천문대에서 극히 중요한 위치를 차지하는 '관측의기(觀測儀器)'로서, 백제에 먼저 세워졌고 그 영향으로 신라에 세워졌으니, 현존하는 경주 첨성대는 주비의 법에 의한 천문대이다.

첨성대의 내부는 남문이 나 있는 12단까지는 흙이 차 있고 그 윗부분은 비어 있다. 19단은 2단의 장대석이 나란히 놓여 있으나 그 끝이 밖으로 튀어나와 있지 않고 25·26단의 정자석 역시 장대석을 나란히 엇바꿔 놓았다. 27단 내부의 반원 위치에는 길이 약 1m 56cm, 너비 약 60cm, 두께 약 24cm 가량의 판석이 있고, 그 맞은편에 판목을 놓았던 곳으로 보여지는 자리가 나 있으며, 정상(頂上) 장대석의 크기는 길이 3m 3cm의 정방형으로 장대석을 열 십(十)자 맞춤으로 놓았다.

이러한 구조를 분석하면서 첨성대가 천문대로서 어떠한 기능을 발휘했는가에 대해서는 몇 갈래 추론이 엇갈리고 있다. 일본의 화전웅치(和田雄治) 박사는 목조 건물이 세워져 첨성대 상부에 혼천의(渾天儀) 같은 관측 기구가 설치되었으리라는 견해를, 박동운·심윤택 씨 등은 첨성대가 동양에는 그 유례가 거의 없는 개방식 '돔'이라는 이론을 제기했다. 또 전상운 씨는 첨성대의 해그림자를 이용하여 동하지설(冬夏至說)을 규명했으리라는 규표설(圭表說)을 펴고 있다.

중흥(中興)하는 신라의 선덕여왕 때와 대조하면(석대가 27단으로 된 것도 27대 왕을 상징하는 듯), 첨성대는 순수 천문대로서의 다각적인 기능을 맡은 것이 아닐까? 신라의 서울 서라벌에 위치하고 있으니 신라의 원점(原點)임을 상징하는 것이다. 더욱이 밖으로는 고구려·백제와의 충돌이 잦은 때 이례적으로 여왕이 즉위했다. 한반도뿐 아니라 중국·일본 등 당시 우리의 교류 영역인 동양 어디에서도 여왕의 통치를 찾아볼 수 없는 이변을 맞은 셈이다. 이에 대한 충격의 완화가 절실했다. 하늘과의 대화로써 민심을 천심에 연결시키는 가교를 세움으로써 여왕의 권위를 돋보이기 위해 안간힘을 쓴 것이 아닐까? 이렇게 보면 첨성대는 곧 하늘과 땅을 잇는 천성인어(天聲人語)의 디딤돌로서 국사의 기복(祈福)을 위한 '거창한 서낭당'의 기능을 함께 떠맡았는지도 모른다.

이처럼 첨성대의 기능이 왕정에서 농사와 연결되는 천문 관측, 생활 문화에 이르기까지 넓은 진폭을 보이고 있는만큼, 앞으로의 연구방향도 이에 대응하여 천문·기상·정치·사회·문화·인류학 등 여러 전문 분야에서 다각적으로 접근해야 할 것이다. 또 당대 세계 천문학계의 첨단을 반영한 신라의 첨성대가 우주시대의 천문학에까지 이어지지 못한, 한국사 또는 동양사의 정체(停滯) 과정을 분석·구명하여 대처해 나가야 할 것이다.

1971년 향토·문화 부문 상록수상을 받은 윤경렬(경주여고 교사) 씨는 첨성대의 밋밋한 모습을 우아한 여인의 통치마에 비유하고 선덕여왕의 성덕을 기리는 상징이라 했다. 첨성대의 모습은 소박한 대로나마 삼국의 문화를 고루 수용·섭취한 형태로서, 세계에서 가장 멋진 천문대로 평가되고 있다. 밑바닥의 4각에서 고구려의 남성미를, 윗부분의 둥근 곡선에서 백제의 우아한 여성미를 찾을 수 있는, 이 첨성대는 한국인이 지닌 미를 합일한 종합 예술품이기도 하다. 힘이 있으면서도 교만하지 않고 부드러우면서도 간사하지 않은 첨성대의 균형미는 색동 치마 저고리 차림으로 그 주위를 맴도는 '강강수월래' 춤과의 배합을 잘 살린 포스터로 소개되어, 1965년 서울에서 열린 'PATA(태평양지구관광협회)' 총회에서 한국의 미로 가장 어필되는 국제적인 격찬을 받기도 했다.

첨성대가 1300년의 긴 풍상을 이겨내고 오늘의 우리와 접할 수 있게 된 것은, 한국에 비교적 지진이 적고 또 경주 지대의 기상이 온난쾌청하다는 자연조건과, 단순한 천문대만이 아닌 기복(祈福)의 상징으로 민간에 성역시되어 온 때문일 것이다. 최근까지만 해도 주위에 석재가 정연히 깔려 있어, 당시 해그림자의 측정에 적합했던 모습을 고스란히 보존했었다.

1970년 10~12월에 첨성대 경내 정화공사를 하여 사방에 철책으로 두르고 경내를 넓혀 관리에 힘쓰고 있다. 71년 3월부터는 입장료를 받아 역시 보존책을 마련하고 있다. 그런데 시커멓게 변색되어 가는 돌들과 북쪽으로 기울어져 가는 몸체는 첨성대가 당하는 현대의 비운인 양 불안감을 안겨 준다. 오랜 세월 동안 내부에 가득 찬 진토가 물기를 머금고 겨울과 여름마다 팽창, 수축을 거듭하고 있으니 어찌될 것인가? 쌓아올린 돌 하나하나에 물이 괴지 않도록 모서리를 둥글게 다듬었다든지 10단 이하는 화강암으로, 비를 많이 맞는 그 윗부분은 물에 강하다는 화성암으로 쌓았다니, 당시 선조들이 기울인 섬세한 배려와 성의를 대조해 보면 우리는 우주시대를 헛살고 있는 것이 아닐까? 철근 콘크리트와 찰쌓기의 현대 공법으로도 참사사고를 빚는 오늘의 우리들에게 후손들의 반성 교본으로 클로즈업되고 있다. 하늘로 뻗은 서라벌의 예지는 우주경쟁으로 발전시키지 못한 후손의 부끄러움을 묵묵히 지켜 보고 있다.

조상들이 터놓은 슬기의 줄기를 이어받아 현대적 첨성대를 새로 쌓아 가야 할 것이다.

고구려의 고분벽화

 고구려의 도읍터였던 압록강 유역 통구(通溝) 일대의 평야와 대동강 유역 평양 부근에는 당시의 많은 고분들이 남아 있다. 이 무덤들은 1930년대 일본 학자들에 의해 발굴·조사되어 고구려 시대의 찬란한 문화들을 드러냈다.

 이 고분들은 크게 돌무덤과 흙무덤으로 나누어지며 모두가 방형(方形)이다. 그러나 작은 흙무덤들은 원형이 많다.

 돌무덤들은 대개 밑바닥은 넓고, 위로 올라가면서 점점 좁게 돌을 쌓아올린 계단식 피라미드 형이다. 그 대표적인 예로 원형이 보존되어 있는 통구의 '장군총(將軍塚)'은 광개토대왕릉(廣開土大王陵)으로 추측되고 있다. 흙무덤의 실내 구조는 정사각형의 각변의 2등분 점을 연결하여 새로운 정사각형을 만들면서, 위로 올라갈수록 차츰 좁혀 가는 방법을 취했다. 이 방법은 중국과 중앙아시아·인도에 이르기까지 아시아 일대에 파급된 건축법이어서, 당시 고구려 문화가 세계 문화군과 밀접하게 연결되어 있음을 보여주고 있다. 통구의 '오괴분(五塊墳)'과 평남 대홍군 시즉면 호남리의 '사신총(四神塚)'과 토포리 '대총(大塚)' 등은 돌무덤의 전형이다. 부장품은 평북 운산군 용호동 제1호분〔石塚〕에서 나온 대형 철제품과 통구 고분의 도제품과 같은 형태이다. 평남 시족면 토포리 대총에서는 '황선유사이부장병(黃線釉四耳付長甁)', 채문(彩紋)이 있는 보주형뉴(寶珠形鈕)의 도개(陶蓋), 삼각도반(三却陶盤) 등이 발견되었으며, 평남 강동군 만달산록 고분들 중에서는 도호(陶壺)・금귀고리・구리팔찌・철제거울이 나왔고, 중화군 직파리 고분에서는 베갯머리로 생각되는 금동장식품이 발견되었다. 이 유물들은 동 시대의 백제・신라 유물들에 비해 한걸음 앞선 솜씨를 보여주어 당시 고구려 문화의 뛰어난 수준을 입증하고 있다.

특히 고구려 고분의 특징은 그 안에 벽화가 많이 그려져 있다는 점이다. 이 벽화들은 예술적으로 높은 가치를 가지고 있을 뿐 아니라, 당시의 풍습과 생활모습, 과학기술 등을 생생하게 담고 있어 중요한 사료적 가치를 지니고 있다.

이들 벽화를 통해 우리는 고구려인들이 검소하고 무(武)를 숭상하며 말타고 활쏘기에 능하였다는 것을 알 수 있다. 또 남자들은 소골(蘇骨)이라는 모자를 썼는데, 깃을 꽂고 금은으로 장식한 것이다. 저고리의 소매와

바지에는 넓고 흰 가죽띠를 둘렀으며 누른 가죽신을 신었다. 여자들은 머리에 수건을 쓰고 주름치마를 입었으며, 저고리는 무릎까지 내려오는 것을 입었다. 1949년 황해도 안악군에서 발견된 안악 제3호분(또는 동수묘) 안의 벽화에는 250여 명의 화려한 행렬이 그려져 있다. 서기 357년에 만들어져 연대가 확실한 벽화고분으로는 한국 최고(最古)의 것인 이 무덤의 벽화에는, 당시의 외양간·차고·방앗간·부엌·우물 등 일상생활의 모습이 생생하게 그려져 있다. 이 무덤의 주인공은 중국인 동수(冬壽)이므로 그 속의 벽화도 고구려의 것이 아니라는 설과 고구려의 왕릉이라는 설이 엇갈리기도 한다. 고분 안의 천장 구조와 벽화의 양식, 그 인물의 모습 등으로 미루어 무덤의 주인공은 중국인일지라도 그 벽화의 양식은 고구려의 계통으로 보여진다.

 이 벽화의 벽면은 한 장의 돌로 되어 있으며 천장돌은 정으로 다듬기만 했다. 그림의 모습은 서편 측실에 무덤 주인공 부부와 측근의 인물들, 동편 측실에 가정 풍경, 전실(前室)에 의장대와 주악(奏樂), 회장에 대행렬도, 후실(後室)에 무악도(舞樂圖)를 배치하였으며, 연도(羨道)에는 위병, 후실 입구에 있는 팔각 돌기둥에는 벽사(辟邪), 천장 고임돌에는 일월과 연꽃무늬·당초무늬 등의 장식이 있다. '쌍영총'의 전실에는 네 벽에 사신도(四神圖)가 있고 손수레·기마·인물의 선이 모

두 섬세하고 능숙하게 표현되어 있다. 기마도(騎馬圖)
의 일부는 국립중앙박물관에 보관되어 있다.

　고구려 벽화의 인물은 계급과 지위에 따라 크기를 달
리하고 있어 흥미롭다.

　또 각종 성좌도(星座圖)가 그려져 있어 고구려인의
하늘에의 관심을 읽을 수가 있다. 천장 부분에서 볼 수
있는 일월성신과 각종 신선그림·용그림·연꽃장식 등
은 한국 고유의 샤머니즘의 토속신앙과 불교·도교사상
등의 경합 형태인 것으로 보여진다.

　앞서 살펴본 바와 같이 고구려 고분의 축조 양식이
북부아시아 일대에 널리 파급됐던 유형과 유사할 뿐 아
니라, 화목(畵目) 등 벽화의 내용도 중국의 벽화·옛거
울·칠기무늬 등과 공통되는 것이 많고 그림의 기법 또
한 같은 양식이다. 따라서 이 고분벽화의 양식은 중국
의 화북지방·요동지방·낙랑지방 등을 거쳐 고구려에
파급되고 다시 백제와 신라를 거쳐 멀리 일본에까지 전
래된 것으로 보여진다.

　이러한 사실은 1972년 3월 21일 일본 나라〔奈良〕현
고시(高市)군 아스카〔飛鳥〕촌의 고분에서, 7, 8세기 때
의 것으로 추정되는 고구려 양식과 똑같은 벽화가 발견
됨으로써 더욱 확실하게 입증된 셈이다. 이 고분 안에
는 관을 안치하는 가로 2.65m, 세로 1.3m, 높이 1.13
m의 석실이 있고, 건칠관(乾漆棺)과 백동종(白銅鐘)이

있으며, 석실 내면에는 채색을 한 아름다운 사신도(四神圖)와 인물화가 그려져 있다. 고분의 형태도 직경 18m, 높이 5m의 소형 원분(圓墳)이고 벽화의 크기는 35×38cm로 적·녹·황색 등 7색이었다.

동쪽에는 청룡과 해·구름·산, 서쪽에는 백호(白虎)와 달·구름·산, 북쪽에는 현무(玄武), 남쪽에는 주작(朱雀)이 그려져 있다. 천장은 금박으로 칠해져 있고, 북두칠성을 포함한 성좌가 붉은색 선으로 이어 그려져 있다. 사방 벽에는 여러 가지 형태로 16명의 남녀상이 그려져 있는데, 그 중 남자 8명은 모두 고구려의 복장을 하고 있는 것이 특색이다. 남자는 천개(天蓋)를 들고 있는 모습이고, 여자는 주머니가 달린 지팡이를 어깨에 메고 부채를 들고 있는 모습이다. 여자의 복장은 발끝까지 늘어뜨린 장삼에 노랗고 빨간색의 저고리를 입고 있다. 우리나라 고대문명의 영향을 크게 받은 일본의 아스카 문명의 발상지에서 이런 양식의 정교한 벽화가 발견된 것은 이번이 처음이다. 이 벽화는 지금 황해도 안악군 유설리에 있는 안악 제3호분의 벽화와 매우 닮았다.

이 고분은 나라현의 가시와라〔橿原〕 고고학연구소장 스에나가〔末永雅雅〕가 보름 이상 걸려서 발굴한 것으로, 벽화는 고구려 승 담징이 그린 것으로 알려진 '호류사의 금당벽화(불타 없어짐)'와 맞먹는 귀중한 문화재다. 고구려의 담징은 호류사 벽화를 그렸으며, 그의 스승이었던 혜자(惠玆) 역시 고구려의 승이었다. 고구려 고분벽화는 세계적으로 널리 찬양되고 있다. 화법이나 기교에 있어서 우아하고 절묘한 모습은 고구려 문화의 우수성을 그대로 보여주고 있다. 특히 이 벽화는 고대 일본의 지배계층을 형성했다는 기마민족(騎馬民族)이, 고구려 등 대륙의 이주민임을 입증할 수 있는 생생한 자료로써 중요한 의의를 지니고 있다. 이 고분벽화의 발굴을 지휘했던 스에나가는, 벽화의 인물상 모습이 압록강변 통구 고분벽화를 그대로 옮겨다 놓은 것 같고, 사신도는 대동강변 벽화와 아주 비슷하며, 원형의 석곽분으로 된 묘제(墓制)도 기존의 일본식과는 판이한 고구려 양식을 사용한 점 등을 지적하면서, 고구려의 화법을 전수받은 화공이 그린 것이라 단정하고 있다.

1972년 10월 초순에는 남북한 및 일본의 학자들이 아스카촌 다카마스 고분에의 첫 공동 학술조사를 벌이기도 했다. 한국측에서는 김재원·김원룡·최순우·이기백, 북한에서는 김석형·주영덕·김석준·김철호 등 관계 학자들이 조사 결과를 발표했다. 쌍방은 다카마스 고분벽화가 한반도의 영향을 받았다는 점에는 일단 의견을 같이했으나, 축조 연대 등에 상당한 견해차를 보이기도 했다. 한국 학자들은 고구려의 고분벽화가 백제·신라 등을 거쳐 일본에 건너와 약간 변형된 것이라고 보는데 비해, 북한측은 시종일관 고구려의 것이라고 단정했다.

한국 학자들과 북한측의 의견을 요약, 소개하면 다음과 같다(1972년 10월 6일자 한국일보 특파원 보도내용 참조).

▨ 한국 학자의 의견

김재원(전 국립박물관장·동아문화연구소장)

고구려 고분벽화의 영향을 많이 받았지만 고구려 화공이 그렸다고 단정하는 것은 성급한 자세다. 앞으로 일부 학자들과 새로운 자료를 서로 주고받아 결론을 내리기를 바란다.

김원룡(서울대 박물관장)

다카마스 고분의 묘제·사신도·복식 등을 살펴볼 때 당(唐)의 요소가 약간 섞여 있는 근대화된 고구려의 유산이라고 생각된다. 그러나 다카마스 고분은 고구려의 영향을 받았다 해도, 당시 일본 문화의 양식을 잘 나타내고 있는 것이 특징이다.

최순우(국립중앙박물관 미술과장)

고구려적인 것을 내포하고 있는 가운데 약간 이질적인 요소도 보이고 있다. 남자상(男子像)의 손은 원숙한 불상 등에서 볼 수 있는 것이었고, 머리카락과 눈썹 하나에도 정성을 기울인 흔적이 보였다. 흡사 비단이나 종이에 그린 것처럼 세련된 점으로 미루어 7, 8세기 고구려 벽화의 후기에 속한다고 생각된다.

이기백(서강대 교수)

7, 8세기에 만들어진 것으로 추정된다. 한국에는 가족 고분군이 많다. 그런데 이번 다카마스총이 속한 고분군에 일본 천황의 능이 포함되어 있는 것은 주목할 만한 일이다. 이런 점으로 미루어 묻힌 사람의 신분은 당시 천황 일족이며 한국계인 것 같다.

▨ 북한의 주장

① 땅 위에 판석(板石)을 내고 옆 구멍식 석곽(石槨)을 만들어 외벽을 흙으로 덮은 다음, 석실 안 벽화에 회칠을 하고 그림을 그린 다카마스 고분의 묘제(墓制)가 고구려의 석실 봉토 고분 양식과 똑같다. 그리고 이 벽화 고분을 만들 때 고구려의 자[尺]를 사용했던 것 같다. 당시 고구려 자는 1척이 35cm였는데 다카마스 고분을 실축해 본 결과 석실의 크기가 고구려 자로 길이 8척, 폭 3척, 높이 3척으로 딱 들어맞았다.

② 고구려와 다카마스 고분의 주제와 그림의 배치가 일치했다. 천장의 성신(星辰), 동쪽 벽면의 태양, 서쪽의 달그림은 고구려 고분벽화의 인물·풍속·사신도 벽화와 같다.

③ 인물의 복식이 아주 비슷하다. 여자가 치마 저고

리와 허리띠를 두르고 있는 것이 강서군 수리산 고분벽화를 연상시킨다. 바지를 입고 허리에 띠를 두른 것과 머리에 수건 비슷한 것을 쓰고 있는 남자의 복장 역시 팔청리·약수리 고분벽화 및 통구 사신총의 것과 비슷하다.

④ 여자의 머리 모습도 고구려 안악 제2호, 마선구(麻線溝) 1호, 대안리 1호, 고산리 10호, 장천 1호분의 단발 동수(東脩)와 같다.

⑤ 여자들이 들고 있는 부채가 통구 제4호분과 비슷하고 남자가 쓰고 있는 일산(日傘)이 수산리 고분벽화과 닮았다.

⑥ 질이 좋은 회벽에 주·황·선·군청·흑 등 5가지 염료를 사용하여 사람의 행렬도 등을 원근법으로 그린 것이 일본의 법륭사 금당벽화 및 고구려 벽화와 일치된다.

북한 학자들은 최근에 발굴된 평남 강서군 수산리의 고구려 고분벽화를 공개하기도 했다. 주영헌 북한 사회과학원 고고학연구소 부원장의 말에 의하면, 해방 후 새로 16기(基)의 고분(해방 전에 30기)을 발굴하였으며, 5세기경에 그려진 이 벽화 고분은 북쪽 벽면의 여자와 남자 주인공의 인물상들이 놀라운 수준의 원근법을 사용하여 그렸으며, 회 위에 밑그림을 먼저 그리고 채색한 뒤 다시 선을 강조한 화법이 많다는 것이다.

아사히 신문에 의하면 북한 학자들이 공개한 19장의 천연색 사진 가운데에는 지난 봄에 발굴된 강서군 수산리 고분의 채색화 6점과 중국 집안 부근의 장천 1호 고분의 서쪽 벽화 전경 등 처음 공개되는 것이 많았다고 한다. 인물의 화법은 다카마스총의 벽화와 아주 비슷해서 섬세하며 채색도 세련된 걸작으로서, 선이 굵고 남성적인 특징을 가진 것으로만 알려져 온 고구려 고분벽화에도, 섬세하고 화려한 필치의 작품이 있음을 보여 주고 있다.

이처럼 고구려 고분벽화는 당시 범아시아적인 문화의 산물이라고 할 수 있다.

동북아 대륙 문물의 집산처(集散處)로서 당시 고구려는, 고도의 문화 수준을 누리면서 신라·백제 등을 거쳐 일본에까지 그 특유한 민족 문화를 전수시켜, 1400여 년이 지난 오늘에까지도 그 활달하고 화려한 맥박과 체취를 실감시키고 있는 것이다.

화 랑 도

화랑도는 신라 때 청소년으로 조직되었던 한국 특유의 민간 수양단체로서 삼국통일의 젊은 주체세력을 가꾼 당시 청년문화의 요람이라 할 수 있다. 화랑도는 국선도(國仙徒)·풍월도(風月徒)·풍류도(風流徒)·원화도(源花徒)라고도 불려졌다.

화랑에 대한 최초의 기록은 ≪삼국사기≫ 진흥대왕 본기에서 찾아볼 수 있다.

'우리나라(신라)에 심오한 사상이 있으니 이를 풍류라고 한다. 이 도(道)가 설치된 근원은 그 선사(仙史)에 상세히 씌어져 있다. 실로 삼교(三敎)를 포함한 것으로 이를 가지고 모든 사람을 교화한다. 안으로는 가정에서 효도하고 나아가 국가에는 충성을 다해야 한다는 것이 공자의 가르침이요, 무위자연에 처해야 함과 묵언실천(默言實踐)에 대한 가르침이 노자의 종지(宗旨)이며, 모든 악을 행하지 말고 모든 선을 행하라는 것이 석가의 가르침이다.'

단체생활을 통해 심신을 연마하고 교양을 쌓아 사회

규범을 지켜 가는 솔선수범의 엘리트적 인간상을 찾아 보게 된다.

전통을 존중하며 국가 사회의 중추적 인물로서의 자부심을 갖고 협동 생활에 익숙한 이들은, 전투시에는 지휘관으로 앞장서서 크게 활약하기도 했다.

≪삼국사기≫에 의하면 진흥왕 37년(576년) 봄에 비로소 화랑도가 창설된 것으로 기록되어 있으나, 이는 지금까지 있어 온 제도를 범국가적으로 구체화시킨 연대일 것이다. 이러한 기풍은 고구려와 백제에도 흘러 왔으나 신라에서 그 모습이 활발하게 드러난 것이다. 화랑은 처음에는 원화도라 하여 남모(南毛)·준정(俊貞)이란 두 처녀를 중심으로 조직하였으나, 여자들이 서로 질투하여 반목하므로 진흥왕 때 일단 이를 폐지했다. 처녀 대신 용모가 단정하고 품행이 방정한 귀족 출신의 청소년을 뽑아 단장으로 삼았다.

이러한 화랑의 기원은 ≪삼국사기≫ 신라 본기 제4에서 찾아볼 수 있다.

'37년(진흥왕) 봄에 비로소 원화(源花)를 받들었다. 처음에는 사람됨을 알 도리가 없음을 걱정하고, 같은 또래 무리들이 놀게 함으로써 그 행동을 본 후에 채용하여 드디어 미인들을 고르니, 하나는 남모요 또 하나는 준정이었다. 무려 300여 명을 모았는데 서로 질투하여 준정이 남모를 자기 집으로 유인, 술을 강권하여 취하게 하고 끌어다가 강물에 던져 죽였다. 준정은 복주(伏誅)하고 사람들은 화목하지 못하게 되어 파산했다. 그 뒤에 다시 잘생긴 남자를 택해 몸치장을 시켜 '화랑'이라고 하여 받드니, 무리들이 구름처럼 모여들어 서로 도의(道義)를 연마하고 또한 노래와 춤을 즐기며 산수를 노닐어 먼 곳까지 아니가는 곳이 없었다. 이것을 통해 사람의 곧고 굽음을 알아내고 착한 자를 골라서 조정에 천거하였으므로, 김대문의 ≪화랑세기≫에는 현좌충신(賢佐忠臣)도 이에 의해 천거하고 양장용졸(良將勇卒)도 이로 인해 생겼다고 했다.

이와 유사한 기록들은 ≪삼국유사≫에도 엿보인다. 진흥왕은 신선을 숭상해서 원화제(源花制)를 만들었다는 것이며, 그후 이 제도를 폐하고 여러 해에 걸쳐 또한 생각하여, 나라를 흥하게 하려면 풍월도(風月道)를 먼저 일으켜야 된다고 하여, 다시 명을 내려 양가 남자 중 덕행 있는 자를 뽑아 화랑이라고 개칭했다는 것이다. 단장을 국선(國仙)이라 하고 설원랑(薛原郎)을 그 시초로 삼았으며, 진흥왕 23년(562년)에는 화랑 사다함(斯多含)이 대야성(大耶城)을 공격하여 큰 공을 세웠다는 기록이 있는 것으로 보아, 화랑도는 이미 진흥왕 초에 체계화되었다고 보여진다.

더욱 거슬러서 화랑도는 신라 고유의 것이 아니라, 널리 고구려·백제 등에서도 공통적으로 행해졌던 것으로 보여진다.

단재(丹齋)는 그의 ≪조선상고사≫에서,

'국선 화랑은 고구려의 선비 제도를 닮은 것이며 선사(仙史)
는 곧 신라 이전 단군 이래 고구려·백제까지의 유명한 선비
를 적은 것이며, 국선이라 함은 고구려의 선인(仙人)과 구별하
기 위해 선(仙)자 위에 국(國) 자를 덧붙인 것이고, 신라의 선
비는 화장(化粧)을 시키기 때문에 화랑이라 했다는 것이다.'

이처럼 화랑제도가 삼국시대 이래 존재하여 신라가
그 줄기를 잡아 왔다는 사실에는 이설(異說)이 별로 없
으나, 그 정체에 대해서는 아직 이렇다 할 뚜렷한 정설
이 없다. 단재의 경우처럼 일종의 선비를 뜻한다고 보
기도 하고, 최남선 씨는 우리나라에 고유한 신도(神道)
가 있다고 하여, 단군에서 나온 조선 고대의 신도는 신
라 이후 화랑 국선의 국가 활동으로 꽃이 핀 뒤에, 조
선왕조에 와서는 민족 무속(巫俗) 속에 잔존했다고 보
기도 했다. (《조선상식문답》에서)

많은 학자들에 의해 많은 의견이 제시되고 있으나,
역시 화랑도는 당시 청년 문화의 꽃이라고 할 수 있을
것이다. 물론 오늘날 젊은 세대들이 기성 세대와는 별
개의 새로운 가치, 새로운 이념을 추구하는 소위 청년
문화(Youth Culture)와는 내용상 크게 다를 것이다.
하지만 그 당시에는 국가 왕권 대대로 큰 관심을 보일
만큼 화랑도는 하나의 독자적 문화권을 형성해 온 것이
다. 화랑도는 처음, 지도자격인 화랑이 있고, 그 밑에
몇몇 낭도를 거느리는 간단한 조직이었다. 그러나 진흥

왕 37년(576년) 국방상 필요한 인재의 양성과 상무(尙武) 정신을 고취하기 위하여 관에서 운영하게 된 것을 보면, 당시의 젊은이들이 이미 국가의 모범적 엘리트로 인정을 받을 만큼 높은 수양과 고도의 교양을 쌓고 있었다는 것을 짐작할 수 있다. 그후 총지도자에 국선을 두고 그 밑에 화랑이 있으며, 화랑은 각각 문호(問戶: 편대)를 거느리는 큰 조직으로 발전했다. 국선은 1대에 1인이 원칙이었으나 때로는 몇 명이나 되는 경우가 있었고, 화랑은 보통 3, 4명에서부터 7, 8명으로 되었으며, 낭도는 수천 명을 헤아렸다는 것이다. 그들은 서로 도를 닦고, 시와 음악을 즐기며, 명산과 대천을 무리지어 찾아다니는 수양 방법을 택했다.

　얼마나 호쾌스러운 청년다운 삶인가? 협동 생활 속에 서로의 예의를 익히고 산수와 벗하면서 호연지기를 키우고, 동시에 나라 곳곳의 지리와 인정을 몸으로 익히면서 애국하는 마음을 체질화시켰으며, 무술을 연마하되 시와 음악을 즐김으로써 문무를 겸비한 균형 잡힌 인재로 가꿔진 것이다. 이러한 조직과 수양 과정을 통하여, ① 위로는 국가를 위하고 아래로는 벗을 위하여 죽으며, ② 대의를 존중하여 의에 어긋나는 일은 죽음으로 항거하고, ③ 병석에서 죽는 것을 꺼리고 국가를 위하여 용감히 싸우다가 전사함을 찬양하며, ④ 오직 앞으로 나갈 뿐 뒤로 물러섬을 부끄럽게 여겨 적에 패하면 자결할망정 패퇴(敗退)를 수치로 아는 등 장렬한 기백과 씩씩한 기상을 함양, 재래의 공동 사회의 이념 위에 유불정신을 보태어 새 시대에 부응하는 청년 문화를 창조한 것이다. 당시 존경 받는 승려들이 화랑의 지도와 고문으로 많이 활약하였는데, 특히 원광법사의 '세속오계'는 신라 화랑의 지도 이념을 집약한 것이다.

《삼국유사》에 의하면,

'원광이 말하기를 불교에는 보살계(菩薩戒)가 있어 그 조목이 10가지 있다. 여기 세속오계가 있으니, ①충성으로 임금을 섬기고[事君以忠] ②효도로써 부모를 섬기고[事親以孝] ③믿음으로 벗을 사귀고[朋友以信] ④전장에 임해서 물러서지 않고[臨戰無退] ⑤함부로 죽이지 말라[殺生有擇]고 했다.'

즉, 그는 승려이면서도 불교에만 치우치지 않고 이미 임금의 신하요 아들이 된 자, 부처의 계명을 지키기 어렵다 하여 세속적인 5개조의 계명을 가르쳐 현실에 입각한 국가주의를 체택한 것이다.

이와 같은 이념으로 다져진 화랑도는 김유신·죽지·사다함·관창·원술·비령자 등 삼국 통일의 쟁쟁한 투사들을 배출해 내기도 했다. 성덕왕 때 김대문이 저술한 《화랑세기》는 200명의 화랑을 추려 그 훌륭한 업적을 기록한 책이다.

이러한 화랑도가 국가에 기여한 측면을 일본인 학자

지내굉(池內宏)은 일종의 전사단(戰士團)으로 규정하는
가 하면, 손진태(孫晋泰)는 신라의 소년군단으로 보기
도 한다. 하지만 화랑도의 본질은 문무를 겸비한 청년
문화의 창조집단으로 보는 것이 옳을 것이다. 애초 한
반도의 산천을 두루 누비던 청년 엘리트들의 기개가,
피의 순수성을 강조하던 골품사회인 신라에서 화랑제도
로 정착하면서, 그 체제를 유지하기 위한 인재의 등용
제도로 활용된 것이 아닐까? 고구려·백제·일본 등 사
위(四圍)의 적에게 위협받는 조국을 의해 이들 젊은 엘
리트들은 기꺼이 목숨을 바쳤으리라. 반도의 한구석에
웅크리고 오랫동안 폐쇄와 보수(保守)에 겨워하던 신라
에서, 화랑도가 청년 문화를 활짝 꽃피움으로써 국가전
체에 젊음과 활력을 불어넣은 것이다.
　이렇게 본다면,

　'화랑이나 국선이라고 하는 것은 일종의 모형이요 사범(師
範)이다. 그리하여 다수의 낭도들로 하여금 이 모범적 청년인
화랑을 사범으로 하여 얼마 동안 그를 수행하는 동안에, 아름
답고 선량하며 완미한 인격을 양성하려는 것이다.'

라는 현상윤의 ≪조선사상사≫의 견해가 훨씬 온건하고
타당하지 않을까?
　오늘날의 청년 문화와는 어떻게 비교할 수 있을까?
오늘의 청년 문화는 기성세대를 부인하고 전위적인 예

술과 밀접한 연관을 맺고 있다. 단절된 세대임을 상징하는 히피문화가 그 극치를 이루고 있다. 하지만 우리의 화랑도는 기껏 자기 세대에만 통용된 정신문화가 아니라, 기성세대까지 포함하여 나라 전체 모든 세대에게 모범이 되고, 설복하고 젊음을 불어넣어 국가의 기운을 온통 젊게 만든 폭 넓은 청년 문화였다. 모든 예술과 문화를 크게 진흥시킨 활력소 역할을 한 것이다.

화랑도는 진흥왕 이후 문무왕대에 이르는 동안 가장 융성하였다가 그 이후는 점차 시들어져 갔다. 국가의 위기에 온국민이 시련을 겪는 동안에는 국민의 정신무장을 촉구하는 교두보로서 그 기능을 크게 발휘하였으나, 통일을 이룩한 이후로는 안일한 태평 무드에 휩싸여 만연되는 퇴폐풍조 속에 그 흔적을 묻어 버렸다. 비록 그후의 역사 속에서 자취를 찾을 길은 없으나, 고려와 조선왕조를 통하여 국가가 위기를 맞을 때마다 그 정신은 간헐적으로 이어져 왔다고 할 수 있다. 임진왜란과 구한말의 의병봉기라든지, 특히 3·1운동, 광주학생운동, 4·19학생의거 등으로 이어지는 학생운동은, 그 정신적 줄기를 멀리 화랑정신에 잇고 있다고 볼 수 있겠다.

오늘의 청년 문화를 창조할 수 있는 도장은 아무래도 대학이 그 중심이라고 할 수 있을 것이다. 애초 화랑도가 관제(官製)가 아닌 자율적인 청년집단으로 출발하여 범국가적인 관심을 집중하고, 마침내 신라를 이끌어 온 핵심으로 발전되었듯이, 사회생활에서 아무런 이해관계를 갖지 않는 대학생들은 살아 생동하는 지성으로, 우리 민족과 사회의 고민을 대변하고 풀이하는 주체로서, 그리고 스스로의 교양과 멋을 찾기 위해 새로운 청년문화를 꽃피워야 할 것이다.

무령왕릉

1971년 7월 9일, 국립박물관장 김원룡 박사와 문화재발굴단은 충남 공주에서 1445년 간 지하에 묻혀 있었던 백제 제25대 무령왕릉을 발굴해 냈다. 고분의 입구에서부터 유해를 안치한 방까지 이르는 연도(羨道)와 왕의 관을 묻은 현실 안에서는, 왕과 왕비의 지석(誌石)을 비롯하여 불꽃 모양의 금관 2점, 금은팔찌, 금귀고리, 백자등잔, 은잔, 청동항아리, 청동신발, 곡옥(曲玉) 등 40여 종 1천여 점의 국보·보물급 백제 유물들이 나왔다.

김원룡 박사는 '처음 이름이 밝혀지고 도굴의 손이 미치지 않은 무령왕릉은 앞으로 백제사 연구에 더없이 귀중한 자료가 될 것'이라고 논평했다.

현실에는 왕과 왕비의 관이 남쪽을 향해 놓여 있었으며, 관의 머리 쪽에는 중국의 엽전꾸러미·청동밥그릇·수저·관대·등잔대 5개, 육모항아리 등 부장품이 고스란히 남아 있었다. 한국에서 가장 오래된 이 지석에는 '백제대 성왕 4년(526년)에 이 왕릉을 만들었다'고

씌어 있다. 광개토대왕 등 2개의 고구려 왕릉을 포함하여 지석이 있는 왕릉은 모두 3개이다. 연도 양쪽에는 전문(錢紋)·연화문(蓮花紋)·사격문(斜格紋) 등 기하학적 무늬가 새겨져 있다. 사자의 머리는 쇠로 만들어졌고 입술에 칠해진 붉은 빛깔은 변하지 않은 채 선명했다. 가로 4m, 세로 3m, 높이 3m쯤의 현실 양쪽 벽에는 청룡·백호의 그림이 그려져 있고 무령왕이 62세에 사망했다고 기록되어 있다.

처음 공주박물관은 공주 금성동에 위치한 백제시대의 제5, 6호 고분의 습기와 지하수 침투를 막기 위해, 고분 뒷면의 암거(暗渠) 배수시설을 고치다가 지하 2m 지점에서 우연히 왕릉과 부딪친 것이다. 이번에 발견된 무령왕릉은 5, 6호 고분의 바로 뒤에 위치했던 것이다.

당시의 시대배경은 어떠한가?

좀 거슬러 올라 제21대 개로왕 말년(475년)에는 북방 고구려의 침략을 크게 받아 지금의 남한산성에 터를 잡았던 국도(國都)가 함락되고 왕이 전사하는 비극을 맛보았다. 왕자 문주(文周)가 즉위하자 475년에 수도를 금강 유역인 지금의 공주로 옮기고 새 터전을 다져갔다. 충청·전라 일대의 기름진 평야 등 유리해진 지리적·경제적 조건을 활용하여 백제는 점차 국력의 부흥을 꾀해 간 것이다.

백제의 수도였던 공주는 계룡산 공산·월성산·무성

산·봉황산 등에 둘러싸여 천연적으로 요새화한 분지를 이뤄 항상 도읍지의 후보로 등장한 곳이다. 이성계도 처음에는 이곳으로 도읍을 정하려 했으며 ≪동국여지승람≫에는 '웅천(錦江)은 바다에 연하였고 계룡산이 하늘을 찌르고 있다'고 표현하고 있다.

웅천은 문주·삼근·동성·무령·성왕 등 5대에 걸쳐 수도를 사비(扶餘)로 옮길 때까지 63년 간 백제의 수도였다. 이 기간 중 백제가 국세를 회복하여 대내외적으로 그 기운을 크게 떨치게 된 것은 무령왕의 부친인 동성왕 때부터다. 사기에 의하면 동성왕은 무인적 성격과 재질이 있는 왕으로, 안으로는 왕권을 강화하고 밖으로는 중국의 남제와 통상의 길을 텄으며, 탐라(제주도)를 복속시키고 신라와 동맹을 맺어 고구려의 압력에 대항하였다. 하지만 동성왕은 성품이 호탕하여 성축·누대(樓臺)·사원 등의 대토목공사를 자주 벌여 백성의 원망을 크게 사고, 드디어 가림성주(加林城主)인 백가(苩加)가 보낸 자객의 손에 찔려 죽었고, 그 뒤를 이어 무령왕이 즉위하게 된 것이다. 이때에 이르러서는 고구려의 남침공세도 약간 멈칫해져 신라와 백제는 약간의 숨을 돌릴 수 있었던 소강상태를 맞게 되었다. 백제는 해외제국과의 문물교류 등 문화 전수, 문화 전파를 꾀하면서 충청·전라 등 천혜의 요지에 각종 문화의 꽃을 활짝 피운 것이다.

이 왕릉의 주인공에 대해서는 《삼국사기》의 무령왕 조와 《삼국유사》의 왕력에 그 기록이 남아 있다.

《삼국사기》

☐ 2년(502년) 정월에 좌평(佐平) 구가(舊加)가 가림성에 웅거하여 모반하므로 왕은 병마를 거느리고 토벌하니, 구가가 나와 항복하므로 이를 참형하여 백강(白江)에 던져 버렸다.

☐ 7년 10월에 고구려 장군 고노(高老)가 말갈과 함께 공모하고 한성(漢城)을 침공하고자 하여 횡악(橫岳) 밑으로 나오므로 왕은 군사를 거느리고 나가 싸워 이를 격퇴시켰다.

☐ 12년 4월에 왕은 사신을 양(梁)에 보냈다. 9월에 고구려가 가불성을 습격하여 점령하고 군사를 옮겨 원산성을 깨뜨려 약탈과 살육이 심히 많으므로, 왕은 용기(勇騎) 3천 명을 거느리고 위천(葦川)의 북쪽에서 싸웠는데 이를 크게 깨뜨렸다.

☐ 21년 11월에 사신을 양(梁)으로 보냈다. 이때까지는 고구려의 침략을 입어 쇠약해진 지 여러 해였으나, 이때 글을 보내어 번번이 고구려가 침략한 바를 말하자 비로소 통호(通好)하게 되어 다시 강한 나라가 되었다. 12월에 양 고조는 왕에게 조책하여 사지절도독 백제제군사 영동대장군(使持節都督百濟諸軍事寧東大將軍)으로 삼았다.

□ 23년 2월에 왕은 한성으로 행차하여 좌평(佐平) 인우(因友)와 달솔(達率), 사오(沙烏) 등에게 명하여, 한북주(漢北州)의 국민으로 나이 15세 이상을 징발하여 쌍현성을 쌓고 3월에 한성에서 서울로 돌아왔다. 5월에 왕이 붕어하자 무령이라 시호했다.

《삼국유사》

'이름은 사마(斯摩)니 곧 동성왕(東城王)의 둘째 아들이다. 신사(辛巳)(1501년)에 즉위하여 22년 동안 나라를 다스렸다. 《남사(南史)》에는 이름을 부여릉(扶餘陵)이라 했으나 틀린 것이다. 능은 보장왕의 태자이다. 이것은 《당사(唐史)》에 상세히 나와 있다.'

《사기》에 의하면 무령왕은 신장이 8척이요, 미목이 그림 같고 인자관후하여 민심이 그에게 쏠렸다고 한다. 치세 중에 양에 사신을 두 번이나 보낸 사실로 미루어, 그가 문화진흥에 어느 만큼 심혈을 기울였는지 알 수 있다. 이번의 부장품목(副葬品目) 중에도 중국 것이 많이 산견되고 있는 것이다.

발굴된 무령왕릉은 여러 가지 새로운 사실을 담고 있어 크게 주목되고 있다.

왕과 왕비의 두 금관 금제투작초화문관식(金製透作草華紋冠飾)은 신라의 양식과 아주 판이하여 신라금관과는 별도로 그에 앞서 '백제금관'을 만들어 냈음을 의미한다. 풀꽃 모양의 장식은 신라금관에 비해 훨씬 세련되고 정교하게 다듬어져 있다. 양나라를 통한 중국 육조와 불교 영향을 신라보다 앞서 받아들여 창조에 한걸음 앞섰음을 입증한다고 볼 수 있다. 왕관의 크기는 가로 14.2cm, 세로 29cm이고, 왕비의 것은 이보다 조금 작은 가로 14cm, 세로 21.7cm이다. 왕비의 금귀고리 1쌍, 왕의 것 21쌍 등도 고리 아래에 달린 장식이 금관의 경우처럼 훨씬 섬세하다는 것이다. 지금까지의 정설로는 백제가 신라보다 검박하여 신라보다 금 장식을 덜 사용한 것으로 추론했으나 이번 발굴로 이런 선입견도 깨어진 것이다.

연도(羨道)의 돌짐승은 한국 최초로 발굴된 것인데, 양나라의 돌짐승을 한국적으로 변형하여 만든 것으로 무조건 모방만 하지는 않은 것으로 보여진다. 이것은 불교 계통의 조각에서 흔히 볼 수 있는 것으로, 중국이나 일본 나라의 호류사에서도 볼 수 있다. 무령왕릉의 돌짐승은 호류사의 것보다 더 정적인 표현을 하고 있다. 이러한 차이점은 백제 불교를 받아들인 호류사와 무령왕릉 사이에 흐른 약 1세기의 시차를 보여 주는 것이라 할 수 있다.

발굴된 숱한 부장품의 가짓수와 질적 수준은, 백제인이 고도의 문화생활을 누렸음을 보여 주는 생생한 자료다. 한반도의 한모퉁이에서, 중국과 일본을 이어 주는 '다리문화'로서, 백제인은 이처럼 뚜렷한 주체를 아로새기면서 사통팔달한 코스모폴리탄 문화의 주인공이 된 것이다.

무령왕릉의 출토품은 그것만으로 하나의 뚜렷한 문화 단위를 이루고 있는 것으로, 문화면에서의 '삼국시대'를 재평가하게 하는 기틀을 제시한다고 볼 수 있다. 흔히 삼국시대를 정치적으로는 하나의 민족이 아직 하나의 통일국가를 이루지 못한 시대로 평가해 왔으나, 고구려·신라·백제가 각기 뚜렷한 개성을 지닌 문화를 창조하고 계발한 주체를 지녀왔으므로, 정립(鼎立)을 하면서 한반도 전체로서는 오히려 삼중의 문화력을 과시하여 대륙의 침략에 더욱 굳세게 버티어 왔다고도 풀이할 수 있겠다.

문무대왕 해중릉침

 1967년 5월 15일, 신라오악(新羅五岳) 학술조사단은 지금까지 그 형태가 없는 것으로 알려졌던 삼국통일의 영주(英主) 신라 문무대왕릉을, 경북 월성군 양북면 봉길리 앞바다 대왕암에서 발견함으로써, 해방 후 가장 커다란 문화사적 개가를 올렸다.

 당시 신라오악 학술조사단은 김상기 박사를 단장으로 황수영·김원룡·주인섭·정영호 등 쟁쟁한 학자들로 구성되었다. 이들은 ≪삼국사기≫ ≪삼국유사≫ ≪세종실록지리지≫ 등, 각종 문헌에 엿보인 문무왕릉의 기록을 따라 현지 조사에 나섰다가 이처럼 엄청난 수확을 올린 것이다.

 학계가 크게 흥분한 이유는 바다 한가운데 커다란 바위를 깎아 내어 왕릉을 만든 것은 세계사에 유례가 없는 사실이었기 때문이다.

 당시 신라의 수도이던 경주시 동쪽 약 30km의 동해안에서 200m쯤 떨어진 바닷속에 위치한 대왕암은 둘레 약 200m의 바위섬으로 되어 있다. 섬 전체를 동서와 남북의 두 갈래로 십자수로(十字水路)를 깎아 낸 다음, 그 한가운데에 4평 가량의 해중 못을 만들었다. 그 깊이는 약 2m. 다시 못 한가운데를 뚫어 능침(陵寢)을 장치했고 그 위에 길이 3.69m, 너비 2.85m, 두께 0.9m 크기의 화강암으로 된 큰 거북모양의 덮개돌을 놓았다. 이 인공의 못에는 항상 맑은 바닷물이 잔잔하게 괴어 들어, 그 속을 들여다보고 있노라면 맑고 깨끗하고 그윽한 분위기에 젖어 용궁의 진입로에 들어서고 있는 듯한 몰아의 경지에 휩싸이게 된다. 이처럼 인공의 못으로 흘러드는 바닷물은 정확하게 동서남북의 방위를 잡고 있는 수로를 통해서 늘 잔잔하게 드나들도록 되어 있다. 거센 파도를 맞는 바다 쪽으로는 우아하게 다듬어진 방파제가 깔려 있다. 즉, 동쪽 수로에는 바위턱이 지어져 있어 세찬 풍랑의 기세도 일단 이곳을 넘나들면 죽어 버려, 못 안으로 접어들면서부터는 천천히 흘러서 다시 바다로 흘러나가도록 오묘하게 설계되어 있다. 동쪽에서 흘러들어온 바닷물이 서쪽 수로를 통해 다시 바다로 나가도록 치밀하게 긴 수로의 고저를 잡은 것이다. 이 때문에 이 해중 못은 바다의 기상과는 아랑곳없이 항상 물이 잔잔하며 맑고 깨끗한 거울처럼 돋보이고 있다. 더욱이 사방의 바닷바람과 함께 암초를 감싸고 있는 중심의 둘레에는 자연의 바윗돌로 된 바위기둥 같은 것이 거의 일정한 간격으로 세워져 있다.

문무대왕은 661년~681년까지 만 20년 간 왕위에 머무른 신라 30대 왕이다. 부왕 무열왕이 654년에 즉위하자 태자에 책봉되어, 660년 당나라의 소정방이 백제를 공략하려고 군사를 이끌고 오자, 김유신 장군과 함께 당군과 연합하여 백제를 멸망시켰다. 그후 661년 고구려 정벌 길에 무열왕의 부음을 듣고 귀국하여 왕위에 올랐다. 즉위한 후, 백제를 소탕하는 한편 당 문화수입에 적극적인 태도를 보여 전성기의 통일신라문화의 기틀을 마련했다. 668년 당군과 합세하여 고구려를 멸망시킴으로써 한국사상 최초의 민족통일을 성취했다. 하지만 당군이 물러가지 않고 백제와 고구려의 옛 땅에 도호부를 설치하고 계속 통치 점령하려 하자, 문무왕은 한반도에서 당군을 몰아내는 과감성도 보였다.

≪삼국사기≫에는 문무대왕의 유언이 기록되어 있다.

'내가 죽으면 왕자[神武]는 관 앞에서 즉위하라. 또한 능은 국비만 소모하고 여우나 토끼굴만 될 뿐이니, 서국(西國:인도를 말함)식으로 화장하여 동해상에 장사하라. 그러면 용이 되어 왜구의 침입을 막으리라.'

≪삼국유사≫ 왕력에도 '능이 감은사 동해 중에 있다'고 기록되어 있다. 이 바다 가운데의 큰 바위를 가리켜 대왕암이라 불러왔으며 혹은 장골처(葬骨處)라 전하여 왔다. 적지 않은 문헌들이 모두 '장(葬)' 또는 '장골(葬

骨)'로 일치하며, 효성·선덕 두 왕의 화장처럼 '산골
(散骨)'이라 하지 않은 것은 대왕릉침을 조영한 사실을
입증한다. 산골하여 흔적이 없었던 것으로 알았던 문무
대왕릉이 수중경영식(水中經營式)으로 이곳에 봉안된
것이다. 신라의 임금이 화장을 하게 된 것은 곧 대왕에
서 비롯되었다고 할 수 있다. 불교에의 귀의와 간소한
장례절차를, 전성기를 누리던 국가의 대왕 신분으로 몸
소 시범한 것은 놀라운 결단의 표시라고 할 수 있다.

　문무왕이 붕어한 이후로도 이 대왕암 일대는 많은 왕
과 왕족의 산골처가 되어 신라의 성역이 되어 왔다.

　대왕암은 삼국통일 전까지 여러 차례 왜구가 침입하
던 동해구(東海口:현재의 대종천) 앞바다에 위치해 있
다. 지금은 해안까지 흙모래가 묻혀 있으나 당시에는
동해구 4m 이상 바닷물이 올라간 산협이었다. 이 물길
을 끼고 올라가면 곧장 신라의 고지랄 수 있는 토함산
꼭대기에 이른다. 토함산을 점령당하면 신라의 서울 서
라벌은 적의 손아귀에 잡힌 것과 다름없는 전략적인 요
새다. 때문에 대륙 쪽으로 백제·고구려를 함락시킨 통
일신라는 이곳을 지키기에 전력을 기울여 왔다. 토함산
계(系)의 골굴사(骨窟寺)·장항사(獐項寺)·감은사(感
恩寺)는 모두 문무왕의 명대로 동해안의 호국사찰로 지
어졌고 그는 죽은 후에도 몸소 최전선에서 나라를 지키
고자 발원한 것이다. 토함산 정상 가까이에 그의 후손

인 33대 경덕왕이 재상 김대성에게 석굴사원을 조영케 한 것 또한 통일신라의 국시와 연관된 것이다. 문무대왕을 비롯한 김씨 왕족의 기복과 그의 비원을 불력으로 뒷받침하려는 의도였다고 할 수 있다. 석굴암이 동동남 25도로 정확히 이곳 동해구를 향해 방위를 잡은 것이라든지, 또 그가 죽은 후 견룡현형처(見龍現形處)인 동해 바위 머리에 이견대(利見臺)를 쌓아 대왕을 추모한 사실, 감은사 불전 밑에 용당(龍堂)을 완성한 것 등이 모두 대왕의 능침이 이곳에 자리잡고 있음을 암시한 것이라고 볼 수 있다. 저승에까지 이어진 대왕의 투철한 호국정신 때문인지, 그후 신라는 멸망하기까지 왜구의 침략을 받지 않았다.

대왕은 생전에도 항상 지의법사(智義法師)에게, '나는 죽어서도 호국대룡(護國大龍)이 되어 불법을 숭봉하고 나라를 수호하겠다'는 결의를 밝혔다고 한다. 법흥왕대에 이차돈의 순교로 불교를 받아들인 신라가 그 여세를 몰아 삼국을 통일하고, 그 고마움을 부처님께 돌리고 참된 불교신앙에의 귀의를 선언한 표본으로서 대왕은 스스로 솔선수범한 것이다.

이처럼 세계에 유례가 없는 문무대왕 해중릉침의 축조 양식은 어디서 유래한 것일까?

인도의 고대 사리는 땅 속 깊숙이 커다란 판석을 놓고 그 밑에 안치했다고 한다. 이것이 중국으로 흘러들

어 육조시대에 경영된 목탑 탑기 밑에는 약 1장(丈)되
는 곳에 심초거석(心礎巨石)을 놓고 밑에 사리 석탑을
봉안하는 양식으로 발전했다. 우리나라의 삼국시대에는
충남 부여 군수리 사지(寺址) 백제 불탑지 땅 밑 5.5척
되는 곳에서 심초석을 찾았고, 신라의 사천왕사, 일본
의 호류사 등 목탑지하(木塔地下)의 방식을 낳았다. 그
리고 동서 방향만이 아니라 남북 방향으로 바위 틈을
터내어 ≪동국여지승람≫의 기록대로 '바다 가운데 솟
아난 바위에 4문이 있는데 이곳을 장처(葬處)라 한 것'
또한 불탑의 경우와 부합한다. 삼국시대 석탑, 경주의
분황사탑, 익산의 미륵사탑도 제1층에 4문을 내고 있으
며, 인도 최고(最古)의 사치 탑 주위도 사방에 석문을
세우고 있다.

　문무대왕 해중릉침(海中陵寢)의 기본 설계는 불교식
사리장치를 따랐지만 이처럼 바다 가운데 능을 마련하
고 바닷물을 끌어들여 잠기도록 한 것은 신라 특유의
독특한 양식이다. 이 점이 바로 화룡신앙(化龍信仰)과
관련된 독창적인 신라불교의 토착성을 표현한 것이라
할 수 있다.

　이곳 마을 사람들은 오래 전부터 대왕암의 모든 생김
새를 잘 알고 있으면서도 귀신이 살고 있는 무서운 섬
이라 하여 접근하기 꺼려해 왔다고 한다. 암초 한복판
십자로의 수로 가운데에 잔잔하고 아늑한 호수가 있는

것을 알고 있으면서도, 옛날부터 전해 내려오는, 가까이 가면 무서운 벌이 내린다는 말에 해녀들까지도 접근하기를 꺼렸다는 것이다.

이처럼 전설 속에 파묻혔던 '대왕암의 아름다운 실화'가 베일을 벗었을 때, 조사위원들은 모두 흥분의 표정을 감추지 못했다. 김상기 씨는 '해방 후 가장 값지고 경사스런 발견이다'라고 논평했고, 김원룡 씨는 '거대한 개석(蓋石)이 어디서 어떻게 운반되어 왔는지, 이 신비로운 구조는 세계에서 유례가 없는 것'이라고 경탄했다.

하지만 성역으로 밝혀진 그후의 대왕암은 몰지각한 일부 피서객들에게 마구 짓밟히는 수난을 겪기도 했다. 해안에서 불과 200m 떨어진 이곳으로 무허가 나룻배를 타고 건너와서 물 속 덮개돌 위에 올라 놀기도 한 것이다.

역사의 저류(底流)가 담긴 신성한 대왕암의 위대한 발견이, 오히려 그 화를 자초하는 불행을 막도록 유의해야 할 것이다.

석 굴 암

　신라의 고도 경주에서 동남쪽으로 16km 떨어진 불국사를 굽이 돌아 3.5km(직선 거리) 가량 올라가면 토함산 정상 가까이, 앞이 탁 트인 심산유곡에 석굴암이 자리잡고 있다. 국보 제24호인 석굴암은 인류가 다듬어 만든 석굴 중 가장 정교하다 하여, 혹자는 '한국의 지혜'만이 아닌 '인류의 지혜'의 정수(精髓)라고 했다.

　장방형의 전실(前室)을 거쳐 궁륭형(穹窿形)의 천장을 이룬 주실(主室)에 들어서면 온통 살아 움직이는 부처들과 마주 서게 된다. 땅바닥도 둥그런 평면이고 벽 둘레도 원형이며 천장도 둥그런 하늘 모양의 이 석굴 안에는, 따뜻하고 인자스런 표정들이 방에 넘쳐 흘러 모진 세파에 시달려 온 속인의 마음을 둥그렇게 스르르 감싸 준다. 방 한복판에 자리잡은 석가여래좌상은 동서 고금의 세상사를 손바닥에 올려놓고 관조하는 듯, 여유 있는 달관의 미소를 머금고 의젓하다. 벽면의 11면 관음보살상의 혈맥들이 손에 잡힐 듯이 투명하게 느껴진다. 차가운 돌덩이에 어쩌면 이렇게도 도톰한 육감이며

따사로운 체온을 우리의 선조들은 떡 주무르듯 능수능
란하게 떠옮길 수가 있었을까?

　석굴암은 통일신라의 황금시대를 뒷받침한 불교이념
을 승화시킨 걸작이라 할 수 있다. 석굴을 경영하여 탑
상(塔像)을 봉안하는 방식은 기원전 3세기경, 불교의
발상지인 인도에서 비롯되었다. 자연의 암벽을 뚫어 내
부공간을 마련하고 종교적 장엄을 꾀했던 석굴 조성은
중국의 돈황(敦煌)·운강(雲岡)·용문(龍門) 등지에서
거창한 작품들을 남기면서 마침내 한국에 수입됐다. 삼
국에 퍼진 불교가 신라에 의해 종합되어 그 극성기를
맞으면서, 오랫동안 쌓아온 신앙의 깊이와 세련된 조각
기술 등이 결합하여 석굴암으로 꽃피게 된 것이다. 하
지만 이처럼 위대한 작품이 나오기까지는 상당한 기간
에 걸친 석굴 조성에의 독자적 준비가 필요했다. 통일
이전 삼국시대 때 백제의 공주를 중심으로 한 자연동굴
을 그대로 이용하던 불사(佛寺)의 경영방식이나, 신라
시대 군위 팔공산의 삼존석굴 같은 것은 모두 석굴암에
이르는 선행적인 작품이라고 할 수 있다.

　우리의 석굴암이 다른 나라들의 석굴에 비해 두드러
진 특색은 인공으로 돌을 다듬어 구축한 석굴이란 점이
다. 좌우의 지름 6m 70cm, 전후 6m 60cm, 입구의 폭
3m 35cm밖에 되지 않는 작은 규모이면서도 이처럼 특
이한 건축적 짜임새를 갖추었고, 그 내부에다 동서고금

을 통해 으뜸 가는 우아하고 섬세한 조각물을 마련한 석굴암은 동양의 여러 나라에서 유행하던 석굴 조성의 가장 두드러진 절정이라고 할 수 있다. 인도를 출발점으로 하여 멀리 발칸반도와 이어진 헬레니즘 문명의 조류가 간다라 미술로 피어나면서 신라 불교예술에까지 스며든 것이니, 석굴암은 곧 동서양을 망라한 당대 세계 예술의 꽃인 것이다. 그 이후 석굴의 경영은 동해를 건너 일본에 이르지 못하였으니 우리의 석굴암이 그 종착점인 셈이다.

석굴암의 창건 당시 이름은 석불사(石佛寺)이다. 그에 대한 가장 오랜 기록은 《삼국유사》 5권 대성효이세부모(大城孝二世父母)에서 찾을 수 있다. 신라의 재상인 김대성이 부모를 위해 석불사를 창건했다. 751년에 착공되어 30년 만에 준공되었다는데, 재상이 공사의 진두지휘를 할 만큼 국력의 뒷받침이 컸던 것을 알 수 있다. 신라통일 후 약 1세기가 지난 경덕왕대는 신라불교와 조각·건축 등의 예술이 안정된 국가체제를 배경 삼아 극성했던 시절로서, 석굴암은 곧 당시의 불교와 예술의 집약적 결정이라고 할 수 있다. 굴 안의 불상 배치의 수법은 당대 신라 불교신앙의 참된 모습을 조형으로 표현했다고 할 수 있다. 또한 석굴의 점정(點定)이나 그 방향에서 신라의 사상과 기원을 짐작할 수 있다. 이곳을 지키는 영현(靈玄) 스님은, 석굴암의 설계

는 ≪유마경(維麻經)≫에 의해 짜여진 듯하다고 풀이했
다. ≪유마경≫이란 석가모니 당시의 거부 유마거사가
불교에 대한 오묘한 진리를 깨달은 사실을 기리기 위해
부처님이 설법했다는 경전이다. 보살상의 나열 상황이
라든지 11명의 나한상이 곧 석가의 제자요, 또 위 함실
에는 유마거사가 앉아 있는 모습이 나와 있다.

　석굴은 한국의 조각에서 흔히 사용하는 화강암으로
구축했는데, 그 돌의 질이 경주 남산에 있는 것과 같은
점으로 미루어 보아, 멀리 떨어진 곳에서 좋은 돌을 골
라 옮겨다 짜맞춘 것으로 보여진다. 주실은 원형을 기
본으로 하여 그 천장 또한 궁륭형을 이루고, 그 정점에
한 장의 큰 개석(蓋石)을 덮는 것으로 마감했다. 중심
점에서 약간 뒤쪽에 원형의 불좌대(佛座臺)를 놓아 본
존의 자리로 삼았으며, 벽면에는 보살과 나한의 상을
돌림으로써 굴 안 불상배치의 기본으로 삼았다. 그리고
주벽(主壁) 위에는 다시 불감을 좌우 5개씩 마련하여
작은 좌상을 안치함으로써 천장과 주벽 사이에 변화를
주었다. 그 위는 벽석(壁石)과 주먹돌을 108개로 짜서
맞췄는데, 중생의 몸과 마음을 괴롭히는 정신 작용의
총칭, 백팔번뇌(망건에서 생기는 98번뇌와 수도에 의해
끊어 버릴 수 있는 근본적인 10뇌의 합계)를 상징한 것
이다.

　주실 전면에는 방형의 입구를 마련했고 좌우에 8각주

를 세웠으며, 입구 외면의 좌우에는 각 1구의 인왕상을 배치했다. 주실 전면에 부설된 예불을 위한 법당은 목석 절충식을 따르고 있으나 그후 목조 지붕은 없어졌다.

양실의 구조는 엄격한 좌우대칭의 수법을 따르고 있으며, 또 내면 후벽은 거대한 석재를 빙 둘러 두껍게 쌓음으로써 탄탄한 보호벽을 이루고 있다. 천장 위로는 공간이 떠 있고 또 하나의 천장을 덮어 2중 천장의 구조로 되어 있으며, 벽면 뒤 화강암 사이에는 숯을 다져 넣어 습도조절에 신경을 쓴 듯하다. 일제시 석굴암을 복원할 때 참여했던 어느 노인은 당시 숯이 많이 나왔다고 증언했다. 요즈음 테니스 코트를 다질 때 숯을 깔아 넣어 습기를 흡수하도록 하는 원리를 1000여 년 전에 이미 터득한 것이다. 또 보호벽 뒤 공간을 따라 그 밑에 도랑을 파놓아, 비가 많이 내려 스며들어도 항상 물이 일정하게 흘러 빠지도록 하수처리도 해놓았다. 이처럼 치밀한 구조는 현대과학으로도 그 진상을 제대로 해명하지 못한 채, 다만 그 시대의 발달한 석굴 조형술에 감탄만 할 뿐 아직 신비의 성역으로 남아 있다. 일제가 이 같은 정치(精緻)·오묘한 신라석굴 구축의 공법을 무시하고, 멋대로 폭 1.5m나 시멘트를 발라 놓아 오히려 그 원형을 망가뜨린 흔적이 마치 돌팔이 의사가 손을 대다 만 흉터처럼 징그럽게 남아 있다.

주전 양실(主前兩室)의 기본구조를 갖춘 석굴은 기원

전 3세기경 바라바 석굴 등 인도 초기의 것과 유사하다. 전실을 석굴 전면에 부속시키는 수법은 중국에서도 볼 수 있으며, 한국의 마애석불, 충북 괴산군 미륵리의 석실 가람 등에도 나타나고 있다. 또 삼국시대 또는 신라 통일기의 석실고분이나 불국사의 석축(石築)과 석교(石橋) 등에서도 그 공법을 엿볼 수 있으므로, 외래문화를 직수입한 데 그치지 않고 이를 소화 섭취하여 우리 것으로 다듬어 재창조해 낸 표본이라고 할 수 있다.

주실에서의 불상배치를 살펴보자. 앉은 키 3.4m인 본존(本尊)이 우미한 자태와 위엄 있는 모습으로 중앙에 돋보이고 있으며, 입구의 좌우에는 2천(범천·제석), 두 보살 문수(文殊)·보현(普賢)이 있고, 이어서 각 5구의 제자상(弟子像)이 각기의 자태를 펼치면서 후벽 중앙의 11면 관음으로 이어지고 있다. 본불(本佛)이 좌상임에 비해 주벽상(主壁像)은 모두 입상이다. 그 위에 미륵·지장·유마거사 등의 작은 좌상이 실내에 각 1구씩 배치되어, 석굴 전체가 자유분방하면서도 잘 조화된 설법의 심포지움장을 연상시킨다.

주실 입구 좌우에는 각 2구의 무장한 사천왕상이 악귀를 밟고 있으며, 그 괴벽에는 각 1구의 인왕상이 주먹을 들어 분노의 형상을 짓고 있는데, 일본을 향해 겨누어진 칼끝을 일본인들이 부러뜨려 버렸다고 전해진다. 석굴암이 들어앉은 토함산 지세는 당시 해상교통이 성행하여 신라의 관문을 이루던 감포 앞바다를 환히 내려다볼 수 있는 전략의 요새를 펼치고 있다. 해발 750m의 이 산은 안으로 수도 서라벌 벌판을 에워싸면서, 밖으로 감포 앞바다에 출몰하는 왜구의 적정(敵情)을 환히 살필 수 있었던 천연의 요새이다.

해가 떠오를 무렵이면 멀리 해안 기슭까지 구불구불 뻗어 간 골짜기를 타고, 산 이름 그대로 안개가 자욱이 피어올라 마치 극락으로 이르는 길인 양 송구스런 경건감에 사로잡히게 된다.

석굴 안의 본불존(本佛尊) 이마 한복판에 박혔던 백호(白毫:눈썹 사이의 털)에 햇살이 비쳐들면 산 밑 멀리까지 불그스레한 서광이 환히 뻗쳐 나가, 그 신통력이 두려워 왜구들이 감히 이곳을 침범해 오지 못했다는 것이다.

임진왜란 때 도요토미 히데요시[豊信秀吉]가 일본해 군기지에서 직선 거리로 가장 가까운 이곳 감포를 버려두고, 오히려 이보다 먼 부산포를 상륙 지점으로 골라잡은 것도 방일(防日)의 상징인 석굴암이라 징크스를 피하고자 했다는 구전이 전해 온다.

불교 신앙을 통한 단결로써 성취한 삼국통일의 업적을 찬양코자 외세 방어용 호국의 상징으로 석굴암을 축조한 것인가? 그러나 '우리는 이만큼 바치니까 그만큼의 대가를 주십시오' 하는 요즘 사람들의 얄팍한 호국신앙으로는 1000여 년 후세에까지 살아 남을 이처럼 의젓한 걸작품이 다져질 리 만무하다. 차라리 석굴암은 불교이념에 심취했던 신라인이 열과 성을 기울여서 대가 없이 모두를 바친 부처님께 도리는 최상의 선물이 아닐까? 그처럼 몰두해 온 정열이 신인(神人)의 묘기로까지 승화, 결정된 것이다. 이처럼 석굴암은 곧 신라 사람들이 그들 신앙 속에 그리던 부처님의 나라를 고스란히 떠옮긴 것이라고 볼 수 있겠다.

석굴암의 창건 이래 《불국사 고금역대기》에 만력(萬曆) 42년과 57년(17세기 초)에 중건했다는 기록이 엿보이며, 17세기 말의 《산중일기》에는 보존의 완전성을 말하고 있으니 최근까지 그 수호에 애썼음을 알 수 있다. 창건 이래 법등(法燈)과 불전의 공양이 그치지 않았으니, 영조 왕비가 생남을 기원하며 손수 바친 탁보(부처님께 바치기 위해 수놓은 비단보)가 해방 전까지 남아 있었으나 그후 유실되었다고 전해진다.

그 동안 이곳에 들른 이탈리아·그리스 등 서구의 학자·지성들이 모두, '교통이 불편한 산꼭대기에 도대체 무슨 기구로 이처럼 무거운 화강암을 들어올려 차곡차곡 쌓아올렸겠느냐'면서, 우선 당시 역학의 발달에 놀라워하며 특히 딱딱한 돌 위에 떠옮긴 살아 호흡하는 듯한 부처의 표정은 '바늘을 가지고도 만들지 못한다'고 혀를 내둘렀다고, 35년간 줄곧 경주의 고적을 지켜 온

최남주(문화재관리국 경주 주재원) 씨가 증언했다.

1926년 내한하여 경주의 서봉총(瑞鳳塚) 금관을 손수 발굴하여 화제를 낳기도 했던 스웨덴 국왕 구스타프 5세는, 당시 석굴암을 둘러보며 시종 놀란 표정으로 머리를 끄덕이며 신기한 듯 돌 한개 한개를 어루만졌다는 것이다.

습기와 해풍에 의한 풍화작용 및 지하수의 분출로 침수되던 석굴암은 1964년, 4년 만에 대보수공사를 끝냈다. 해체 보수공사 때 관계했던 황수영·김정기·신영훈·정명호 씨 등이 부분별로 나누어 안팎 실측도 33점이 곁들인 ≪석굴암 수리공사 보고서≫를 집필했다. 보수공사 후부터는 실내에 에어컨디셔너를 장치하여 습도와 온도를 조절하며 비싼 입장료를 받아 관람객 수를 제한하면서 보존에 힘쓰고 있다.

불국사

경주 진현동 토함산 밑에 신라 불교의 본산 불국사가 자리잡고 있다. 시계(視界)에 비치는 석가탑·다보탑·청운교·백운교·불상·돌 층계·석등 등의 섬세한 기교와 우아한 선미(線美) 등은, 불교의 나라를 상징짓는 해동(海東) 제1의 절로서 손색이 없다. 극락과 사바 세계를 연결짓는 두터운 불심(佛心)이 아니고서는 이처럼 잘 짜여진 하늘의 불국(佛國)을 지상에 펼칠 수 없었으리라.

≪불국사역대 고금창기(佛國寺歷代古今創記)≫에 의하면 이 절은 신라 제23대 법흥왕 27년에 왕의 어머니인 영제부인(永帝夫人)의 발원으로 국태민안을 위하여 짓기 시작했다. 그후 진흥왕 35년(574년)에는 왕의 어머니인 지소(只召)부인을 위하여 비로자나불(毘盧遮那佛)·아미타불을 구리로 만들어 모셨다고 한다. 문무왕 10년(670년)에는 무열전(無說殿)을 세워 ≪화엄경≫을 강의하였는데, 그후 100년쯤 지나 절이 낡고 그 규모도 작아져, 번성하는 불국의 이미지에 걸맞는 새 절을 대

대적으로 크게 지었다. 경덕왕 10년(751년)에 당시의 재상이었던 김대성이 공사를 지휘했다. 당시는 신라 불교문화의 번성기에 해당된다. 《삼국유사》에 의하면 김대성은 20여 년 간을 이 일에 매달렸으며, 그가 죽은 후에도 나라에서 이 사업을 계속하여 완성했다.

금당(金堂) 앞에 다보탑과 석가탑을 세우고 그 남쪽에 백운교와 청운교를 만들었으며, 서쪽의 극락전 앞에 연화교와 칠보교를 만들고 종각 범영루를 새로 세웠다. 금당과 극락전 사이에는 48계단의 다리를 놓았다. 백운교와 청운교 아래로는 연못을 만들어 불국사 전체의 화려한 모습과 웅장한 장엄미를 더하였다.

돌을 쪼아 만든 층계·기둥·탑 등 모두를 조화시킨 석굴암은 신라미(新羅美)의 극치이며 종합이라 할 수 있다. 절 여기저기에 신라 미술의 걸작품들이 널려 있다. 백운교·청운교·연화교의 다리 밑바닥은 밋밋한 평면이 아니라 반월형으로 휘어져 있다. 돌을 쪼아 만든 공간에다 이처럼 휘어진 곡선의 미를 돋워 주고 있다. 다리 층계마다 섬세한 연꽃무늬가 새겨져 있다. 대웅전의 앞문 중심에서 다보탑과 석가탑에 이르는 거리는 똑같아 이등변삼각형을 이루고 있다. 탑의 크기와 모양 등 절 전체가 기하학적으로 설계되어 뚜렷한 균형과 조화를 이루고 있는 것이다.

서쪽에 자리잡은 석가탑을 살펴보자. 소박하고 아담

하게 쭉 뻗은 이 탑은 신라 석탑의 전형이다. 높이 약 7.8m이며, 화강암으로 이뤄진 이중기단(二重基壇)의 3층 석탑이다. 탑 주위를 돌아보면 돌을 쪼아 네모의 윤곽을 만들었고, 네 모퉁이와 각 변의 가운데에는 직경 약 80m의 돌방석을 만들었다. 이 8개의 돌방석은 팔방금강좌라 하여 보살이 앉는 자리를 마련한 것이었다. 국보 제21호로 지정되어 있는 이 탑은 석가모니가 설법하신다는 뜻을 기리기 위해 만든 것이다. 소박한 단순미로 이 탑은 동쪽의 다보탑과 흔히 대조되기도 하는데, 창건 당시에 애틋한 전설을 담고 있어 속칭 '무영탑'이라고 한다.

그 전설의 줄거리는 다음과 같다.

불국사의 탑을 세우기 위하여 멀리 당나라에서 숙련 석공을 초빙했다. 그 석공이 다보탑을 만들고 있는 동안 고향의 젊은 아내는 남편의 안부가 몹시 궁금했다. 마침내 바다를 건너 멀리 신라의 불국사까지 왔으나 신성한 일을 하는 중이라 하여 남편의 면회를 거절당했다. 그녀는 10리쯤 떨어진 영지(影池) 못가에 자리잡고 남편이 일을 끝내는 날만 손꼽아 기다리는 수밖에 별도리가 없었다. 먼저 만들기 시작한 다보탑의 그림자가 못 위에 비쳐 왔다. 이젠 나머지 석탑만 더 비쳐 주면 꿈에 그리던 남편을 만날 수 있는 것이다. 하지만 그후 몇 년이 지났으나 이 석탑의 그림자는 끝내 비치지 않았다. 남편에 대한 그리움이 복받친 그녀는 끝내 참지를 못하고, 다보탑의 그림자를 향하여 남편의 이름을 부르면서 물 속에 빠져 죽고 말았다. 그후 석탑을 완성한 석공은 그 길로 곧장 아내가 기다리는 영지(影池)로 쏜살같이 달려갔으나 아내의 모습은 이미 찾을 길이 없었다. 아내의 이름 아사녀(阿斯女)를 미친 듯이 불러댔으나 아무런 대답도 들을 수 없었다. 석공은 불상처럼 보이는 못가의 돌을 정성껏 쪼아 부처를 만들고 못가에 절을 지었다고 한다. 그후 석가탑의 그림자가 영지에 나타나지 않았다고 하여 무영탑이라 전해 온다.

이 전설은 불국에의 이념 정립을 위해 온갖 속세의 잡념을 버리고 자기 일에만 몰두했던 당시의 분위기를 고스란히 우리에게 전해 주고 있다.

동쪽의 다보탑은 높이 10m쯤 되는 화강암으로 만들었으며, 정식 명칭은 다보여래상주증명탑(多寶如來常住證明塔)이다. 국보 제20호로 지정되어 있다. 방(方)과 원(圓)을 평면적·입체적으로 오묘하게 조화시킨 이 탑은, 신라의 전통적인 탑 양식과 다를 뿐더러 동양 어느 곳의 양식과는 다른 독특한 모습을 하고 있다. 남성적인 씩씩한 직선미를 보여 주는 석가탑과 대조하여, 섬세하고 유려한 여성적인 곡선미를 자랑하고 있다. 기단 사방에 한 개씩 놓여 있었던 것으로 보이는 돌사자 4개 중 2개는 없어졌고, 하나는 극락전 앞에 서 있으며 나머지 하나는 영국 대영박물관에 보존되어 있다. 기단에 이르는 사방에는 돌계단이 마련돼 있으며 계단 밑에는 양쪽에 돌기둥을 세웠다. 탑 위쪽에는 매란국죽의 사군자를 조각해 놓았다. 이 사군자는 유교의 상징이므로 다보탑에 깃든 신라 사상은 유불선(儒佛仙)을 종합한 창조적 내실을 갖췄다고 할 수 있다. 금당(金堂) 앞 동서 양쪽으로 다보탑·석가탑을 세워 놓은 이유는 무엇일까? 이것은 석가여래가 설법을 할 때 반드시 다보여래가 합좌하여 그 진리됨을 증명한다는 불교의 교리를 사실적으로 보여 준 것이다.

동쪽과 서쪽의 두 탑이 ≪법화경≫에 적혀 있는 바와 같이 석가의 설법과 다보의 증명이란 교리를 상징한 것이다. 서쪽 극락전으로 가는 48계단은 ≪무량수경≫에 적혀 있는 것과 같이 48대원(大願)을 이룸으로써 서방 극락전에 태어난다는 것을 건축 속에 상징시킨 것이다.

백운교와 청운교에 올라서면 자하문과 마주치게 되는데 밑은 사바세계, 위는 구름을 타고 불국토(佛國土)에 이르는 길을 충실하게 묘사한 것이다. 극락세계에 이르는 여정을 신라 땅에 고스란히 떠옮긴 '극락에의 미니어처'를 숙연히 살필 수가 있는 것이다.

대웅전이나 극락전 앞뜰에서 볼 수 있는 석등에는 유리와 같은 투명체를 끼우던 창틀의 흔적이 그대로 남아 있어 당시의 높은 과학적 수준을 입증하고 있다.

《불국사 고금역대기》와 비교해 보면 현존하는 것은 당시의 약 10분의 1로 줄어든 것임을 알 수 있다. 이러한 기록들을 좇아, 애초의 원형을 재현하기 위해 69년 8월부터 불국사 복원공사가 진행되었다. 71년 3월 이곳에 들렀을 때 마침 설계 감독으로 현장에 나와 있던 유문룡 씨를 만났다. 그는 '큰 불사(佛寺)를 새로 중창(重創)하는 작업이 매우 자랑스럽다'면서 '하나하나 신중하게 당시의 시대상에 부합되도록 힘쓰고 있다'고 말했다.

이 복원공사는 69년 8월 26일, 2억원의 예산으로 장엄한 신라 사찰을 조영복원(造營復元)함으로써 찬란한 신라문화의 유산을 재현시키고, 문화재지역 다목적 개발의 시범지구로 개발시킬 것을 목적으로 하여 불국사 복원위원회에 의해 출범되었다. 이홍직·김원룡·최순우·조명기·황수영 교수 등 고증위원들의 고증과 기술지원을 받으면서, 김정기·윤무병·김동현·신영훈·유문룡·김인호 씨 등의 설계 작업반에 의해, 40여 일 간 발굴·실측 조사되었다. 이때 경내에서 몇 가지 귀중한 자료와 유물들이 발견되었으며, 임진왜란 이후에 씌어진 《불국사 고금창기》의 내용과 크게 다른 사실이 나타나서 학계의 비상한 관심을 모으기도 하였다. 반파된 타원형의 수막새기와를 비롯하여 신라기와 8종, 고려기와 6종, 이조기와 5종, 좌경루(左經樓)의 팔각연화간주

(八角蓮花竿柱) 등이 모두 새로 나온 유물들이다. 이 중에도 석굴암의 비도(扉道)에 있는 팔각연화간주와 동일형의 발견으로, 주초석만 남은 좌경루의 원형대로의 복원이 가능하게 되었으며, 또 현재의 범영루가 일본인들에 의해 원형과는 다른 형태로 변형 중건된 사실이 새로 판명되었다. 특히 비로전(毘盧殿)과 관음전(觀音殿)에 회랑과 행랑이 있었다는 《불국사 고금창기》의 기록과는 다르게, 창건 당시에는 동서 10간의 행랑과 회랑이 없었을 뿐만 아니라, 주위가 잘 쌓여진 돌담으로 둘러져 있었음이 밝혀진 사실은 특기할 만한 일이다. 또한 서회랑(西廻廊)의 기둥초석이 불국사 창건 당시와는 달리, 1910년대 일본인들에 의해 약간 안쪽으로 옮겨진 사실과 서쪽 축대도 건드린 흔적이 드러났다. 비로전이 대웅전·극락전·관음전보다 훨씬 연대가 앞선 건물임도 밝혀져, 김대성이 불국사를 창건할 때에도 이 건물은 이미 있었음이 확인되었다.

이러한 사실을 미루어 보아 불국사도 석굴암의 경우와 마찬가지로 50여 년 전 일본인들이 보수할 때 너무 멋대로 변형시켰으며, 《불국사 고금창기》의 기록도 잘못된 점이 있음이 드러난 것이다.

72년 말, 이 복원공사가 끝나 우리는 한국 사찰 가운데에서는 처음으로 회랑을 가진 옛 불국사의 모습을 다시 대하게 된 것이다.

왕오천축국전

1200여 년을 거슬러 통일신라의 황금시대에 신라의 구법승(求法僧) 혜초(慧超)는 멀리 인도의 다섯 나라와 이웃 여러 나라를 순례하고 돌아와 727년(성덕왕 7년)에 여행기를 썼다. ≪왕오천축국전(往五天竺國傳)≫이라고 하는 이 여행기는, 8세기의 인도와 중앙아시아의 풍물들을 소상히 담고 있어 세계적인 진서(珍書)로 손꼽히고 있다.

삼국을 통일한 뒤 안정을 누려 오던 당시의 신라는 당과의 문물교류와 사람의 왕래가 잦았다. 당으로 가는 사신·상인·유학생·구법승들이 많았으며 천축(지금의 인도)으로 가는 학승(學僧)들도 많았다. 하지만 오늘날처럼 교통기관이 발달한 것도 아니고, 치안상태가 부실했던 당시의 여로가, 얼마나 험난했던지는 의정(義靜)의 ≪대당서역구법고승전(大唐西域求法高僧傳)≫에 잘 나타나 있다.

'50여 법사가 장안을 떠나 천축으로 갔지만 살아서 돌아온

사람은 두서넛밖에 안 된다.'

이러한 기록으로 미루어 웬만큼 끈덕진 의지와 투철한 신앙심이 없이는 죽음에의 여행길에 참여할 수 없었을 것이다. 이러한 고행길을 이겨 내고 인도에까지 다다른 사람은 아리나발마(阿離那跋摩)·혜업(慧業)·현태(玄太)·현격(玄格)·혜륜(慧輪)과 이름을 알 수 없는 두 사람을 포함하여 모두 7명으로 전해지고 있다. 물론 이들 중 대부분이 귀국을 못 하고 말았다.

아리나발마는 7세기경에 장안을 떠나 인도의 라지그리하 등 불적(佛蹟)에 참배한 후, 나난다사에서 초사중경(抄寫衆經)하다가 병을 얻어 귀국하려고 했으나 뜻을 이루지 못하고 70세에 죽었다고 전한다. 혜업도 역시 인도에 가서 부뜨하가야의 마하보드사와 나난다사에 거주하면서 청독(聽讀)하다가 이곳에서 60세에 죽었다고 한다. 현태는 당에서 육로로 중인도(中印度)에 도착하여, 부뜨하가야의 보리수를 참배한 후 경론(經論)을 연구하다가 당까지 돌아와서 그 뒷소식이 끊겼다. 현격은 당나라의 중 현초법사와 함께 마하보드사에 참배한 후 돌아오지 못하고 40여 세에 죽었다.

이처럼 인도 순례에 뜻을 두다 불귀의 객이 된 많은 구법승들 중 몇몇 사람들은 돌아와 기록을 남기기도 했다. 법현은 400년경 10여 년 간의 인도여행에서 돌아와

≪불국기(佛國記)≫를 남겼고, 현장은 7세기 전반 10년 간 인도에 다녀와서 ≪대당서역기(大唐西域記)≫를 남 겼으며, 7세기 후반에는 의정(義靜)이 역시 인도를 다 녀와서 ≪대당서역구법고승전≫을 남기고 있다. 이보다 앞서 백제의 겸익(謙益)은 6세기 초 인도에 가서 5년 간 머무르면서 다수의 율부경전(律部經典)을 가지고 돌 아와서 우리나라 율종(律宗)의 시조가 되었다.

혜초는 비교적 젊은 나이로 당에 건너가 723년에 인 도로 떠나 바닷길로 수마트라를 거쳐 인도양을 지나 인 도 동해안에 닿은 것으로 보여진다. 오천축(五天竺)이 란 동서남북 중 5개의 인도를 의미한다. 동천축(東天 竺)은 현재의 바하르지방과 구시나가르를 포함한 우따 르지방의 북반부, 중천축(中天竺)은 스라와스띠를 포함 한 우따르지방의 남반부와 마드하지방의 북단, 남천축 (南天竺)은 안드하르지방, 서천축(西天竺)은 라자스턴 지방의 북부와 번잡지방의 남부, 북천축(北天竺)은 히 마챨지방과 번잡의 북부라고 구분하고 있다.

혜초가 바닷길로 중국 쪽에서 인도로 간 것으로 여겨 지므로, 그는 지금의 벵골만 쪽에 상륙했을 것이다. 하 지만 현재 남아 있는 여행기는 오늘의 바하르지방인 중 부인도의 갠지스 강 유역 마가다국(國) 기행에서 시작 되고 있다. 이 지방은 본래 불교가 성했던 16대국의 하 나였다. 석가모니가 이곳에서 자주 설법을 행했으므로 불교의 유적도 풍부했다. 하지만 그가 이곳에 도착한 때는 이곳의 불교가 쇠퇴기에 놓여 있어, 불교의 4대 영역의 하나인 석가모니가 열반했다는 구시나가라 성역(聖域)도 아주 쓸쓸하게 저물고 있었다.

'구시나가라는 석가모니가 열반한 곳이다. 그 성은 황폐하여 살고 있는 사람도 없다. 석가모니가 입적(入寂)한 곳에는 탑이 있는데, 승려 한 사람이 거기서 물을 뿌리며 쓸고 있을 따름이다. 매년 8월 8일에는 승려, 여승, 일반 사람들이 여기에서 크게 공양을 드리는데 공중에는 깃발이 수없이 세워진다. 뭇사람들이 이를 구경하고, 또 이날 불교로 들어가려고 마음 먹는 사람도 한둘이 아니다. 그러나 평상시에는 사람의 그림자라고는 찾을 수 없을 정도로 황폐하고, 그곳으로 예배하러 가는 사람은 서우(犀牛)와 큰 벌레 때문에 손상을 입는 수가 많다.'

불교 성국(盛國)이 쇠미해진 때의 모습을 고스란히 그려 주고 있는 것이다. 녹야원(鹿野苑)을 지나 혜초는 뒤이어 석가모니가 보리수 아래에서 6년 간의 고행 끝에 크게 깨달았다고 하는 불교 최상의 성지인 부다가야로 찾아갔다. 그는 이곳에서의 무한한 환희를 오언시(五言詩) 속에 담고 있다.

마하보리사를 멀다고 두려워하지 않았는데
어찌 녹야원을 멀다고 걱정하리오
단지 두려운 것은 낭떠러지 험한 길뿐

거센 바람 불어와도 개의치 않노라
여덟 탑을 다 보기란 진정 어려운 일
이리저리 헐리고 타버려서 난잡도 하니
이를 다 보려는 소원 채울 이 몇이런가
오늘 아침 이 자리에서 나는 내 눈으로 보았노라

혜초는 바라나시에서 갠지스 강을 서쪽으로 거슬러 올라 중천축국(中天竺國)의 수도 카나우지로 갔다. 땅이 넓고 인구가 조밀한 이 나라의 왕은 코끼리 900마리를 가지고 있었으며, 그 밑의 대수령들은 200~300마리를 가지고 있었다. 왕은 몸소 군대를 거느리고 이웃 나라와 싸워 항상 승리를 거두므로, 다른 나라들은 싸우지도 못하고 화의를 청하여 공세(貢稅)를 바치기가 일쑤였다고 적고 있다.

혜초는 인도 전체의 기후·풍물 등을 다음과 같이 상세히 적고 있다.

'언어와 풍습이 모두 다 서로 비슷하고 기후가 무척 더워서 수많은 수목과 화초가 1년 내내 푸르며 서리나 눈을 보지 못한다. 음식으로는 멥쌀로 빚은 떡과 미숫가루·우유·소금 등이 있으며 간장은 없다. 모두 흙으로 만든 솥으로 밥을 지으며 쇠로 만든 가마는 없다. 감옥이 없고 죄인에게는 죄의 경중에 따라 벌금을 물게 하며, 길에 도둑은 많으나 물건만 빼앗을 뿐 사람을 해치지는 않는다. 송사(訟事)에 있어서는 왕을 둘러싸고 수령과 백성들이 앉아서 의논을 분분하게 떠들어대지만, 왕은 노하지 않고 최종 결정을 내리며, 한 번 결정이 내려지면 백성들도 다시는 말하지 않는다. 왕과 수령들은 불교를 몹시 존중하여 사승(師僧) 앞에서는 의자에서 내려 땅에 앉는다. 금과 은 등은 산출되지 않아 외국에서 가져오며, 노새·당나귀·돼지 등이 없고 가축을 기르지 않으나 오직 소만은 즐겨 기른다. 젖을 짜는 것이다. 살생을 좋아하지 않으며 시장에도 고기를 파는 곳이 없다. 불교는 대승·소승이 모두 행해지고 있다.'

이상의 기록에서 우리는 1200여 년 전 불교의 나라 인도의 기후, 음식물, 범죄, 송사의 진행상황, 경제상태 등을 두 눈으로 보는 것처럼 생생하게 실감할 수가 있다. 불교가 크게 성해서 왕까지도 사승(師僧) 앞에서는 의자에서 내려 땅에 앉아 최상의 예의로 대하고 있음을 알 수 있다.

불과 6000여 자밖에 안 되는 《왕오천축국전》은 이처럼 8세기의 인도 지방을 비롯하여 중앙아시아의 역사·풍물·기후·종교·지리·정세 등을 알려 주는 더없이 귀중한 자료로서 세계 속에 클로즈업되고 있다. 이 책은 1908년 프랑스의 동양학자 펠리오(Paul Pelliot)가 중국 북서쪽 감숙성의 돈황에서 발견했다. 당·송시대 이래의 진귀한 불경·문헌 5000종을 파리로 가져갔는데 그 중에 이 책이 들어 있었다. 당나라 때의 다른 사본들처럼 두루마리로 되어 있었는데, 앞뒤 부분이 다 떨어져 나가 처음에는 저자도 책이름도 알 길이 없었고, 다만 지질(紙質)과 필적으로 미루어 보아 9세기경의 것으로만 밝혀졌을 뿐이었다. 그후 펠리오의 노력으로 이 책이 혜초의 ≪왕오천축국전≫임을 알아냈다. 1911년 일본의 후지다〔藤田豐八〕가 그 전역(箋譯)을 발표함으로써, 본문에 상세한 주석을 달아 혜초가 어느 지방을 어떻게 다녔는가 하는 진상을 캐냈다. 또 혜초가 당대의 불교계에서 중요한 위치를 차지하고 불경 번역 사업에도 참여한 신라인이란 사실이, 고남순차랑(高楠順次郎)의 ≪혜초전고(慧超傳考)≫로 밝혀졌다.

발견자 펠리오의 ≪왕오천축국전≫에의 평가를 고병익 교수의 〈혜초 왕오천축국전 연구사략(慧超往五天竺國傳硏究史略)〉(백성욱 박사 송수기념 불교 논문집)에서 옮겨 볼 수 있다.

'1980년에 새로 발견된 이 유행기(遊行記)는 법현(法顯)의 ≪불국기≫와 같은 문학적 가치도 없고, 현장(玄奘)의 ≪대당서역기≫와 같은 정밀한 서술도 없다―그의 문장은 평탄스럽고―그의 서술은 간단하고 단조롭다. 그러나 그것은 도리어 동시대적 기록이라는 증거이다. 그는 우리에게 8세기 전의 인도제국에서, 불교의 상황을 전해 주고 있다.―서북인도·아프가니스탄·노령(露領) 투르케스탄 및 중국령 투르케스탄에 관해서는 그 이외의 기록에서 볼 수 없는 지식을 많이 제공해 준다.'

1200년 간 중국 산골의 한 동굴에 파묻혀 햇빛을 못

보던 ≪왕오천축국전≫이 이처럼 외국인의 손에 의해 세상에 드러남으로써, 신라인이 서술한 당대 인도·중앙아시아의 동화 같은 사연들이 세계에 두루 알려지게 된 것이다.

신 라 방

신라가 삼국을 통일하면서 차차 해외 활동이 활발하여 당나라와의 교통이 빈번해졌을 뿐만 아니라, 특히 당의 해안지방에 집단거주지가 성행하였으니 이를 '신라방(新羅坊)'이라 한다. 신라의 외국무역은 처음에는 국가와 국가 간의 조공·예물 교환 등의 형식으로 행해지는 공무역(公貿易)에 의존했으나, 차츰 조공사신(朝貢使臣)을 수행하는 수행원의 휴대품을 사사로이 매매하는 사무역(私貿易)도 크게 번졌다. 신라의 조공선(朝貢船)이 중국으로 가려면, 남해안과 서해안을 거쳐 중국 산동반도의 등주(登州) 문등현(文登縣)에 도착하는 것이 지름길이었다. 따라서 이곳에는 일찍부터 신라인이 다수 거류했으며 신라 사신을 유숙시키는 신라관(新羅館) 등이 있었다. 그리고 후에는 신라인의 집단거류지로서 치외법권을 누리는 조차지(租借地)도 있었다. 신라방 중에서도 산동성 등주의 것이 가장 유명했는데, 여기에는 신라인을 다스리기 위한 총관(摠管)까지 두었다.

외국무역의 기원을 이루게 된 사신의 수행원이 휴대

하는 물품은, 대개 양이 적고 값이 비싼 고급 직물과 인삼·금은세공품 등이었는데, 처음에는 수행원들의 노비(路費) 정도를 충당하기 위한 조치였던 것이 차츰 상업화 된 것이다. 신라에서 당에 보낸 공적 무역품은 금·은·동·바늘·우황·세포(細布)·말·인삼·견직물·장신구 등이며, 그 답례로 받아들인 것은 비단·포대(袍帶)·금은세공품·차·서적 등이었다.

신라는 삼국통일을 하기까지는 당나라와 밀접한 관련을 맺어 왔으나, 연합군을 형성하여 백제·고구려를 차례로 쓰러뜨린 뒤에는 한반도에서 당의 세력을 몰아냄으로써 일시적으로 나당(羅唐) 국교가 중단된 일도 있었다. 그후 국교가 재개되어 사절의 왕래가 활발하게 되었고 따라서 문물교류도 다시 성행하게 되었다. 그리하여 많은 유학생·유학승 등이 당나라에 가서 종교·학술·예술 등을 수입, 문화발전의 기틀을 마련하게 되었다. 통일신라 직후인 문무왕 때부터는 유학생·구법승(求法僧)·군인·상인 등의 왕래가 본격화하여, 그후 문성왕·헌강왕 등의 전성기에는 문물교류가 더욱 활발하게 진행되었다. 이처럼 대당 관계교역이 빈번해짐에 따라 신라의 산업도 크게 발전하고 도시의 번영도 눈부시게 진척하였다.

《삼국유사》에 의하면 통일신라시대의 수도 경주는 그 전성기에 인구 17만 8936명에 달했다고 하며 행정

구역도 방대하여 1360방에, 시내에 거주하던 대부호만
도 35명에 이르렀다는 것이다.

이에 따라서 사무역도 성해졌고, 초기의 수출품이 주
로 원료 원자재였던 것에 비해, 산업이 점차 발전함에
따라 생산 가공품이 무역품목으로 많이 등장하게 된 것
이다.

당시 당나라와의 해상교통은 주로 서해를 건너가는
방법이었다. 전남 영암 방면에서 흑산도를 거쳐서 중국
상해 방면에 이르는 길과, 또 하나는 경기도 남양만에
서 황해를 건너서 중국 산동반도로 가는 길이 있었다.
산동반도의 등주는 동방제국 당시 당나라의 서울인 장
안으로 들어가는 관문으로, 주요한 상륙 지점이었다.
이곳에는 특히 신라·발해의 사신을 유숙 접대하는 신
라관·발해관이 설치되어 있었으며, 또 양국 무역선이
드나들던 교역시장도 있었다고 한다. 이곳 신라방에 거
주하는 신라사람들을 자치적으로 다스리기 위하여 따로
신라소(新羅所)라는 행정기관을 설치하기도 했다. 또
당시 신라사람들이 당나라에 세운 신라원(新羅院)이라
는 절이 있다. 신라사람들이 많이 거주하는 산동성·강
소성에 걸쳐 자치지구인 신라방 안에 세워진 것이다.
문등현 적산촌에는 법화원이란 신라인의 사찰이 세워
져, 신라승과 당승 및 멀리 일본에서까지 250여 명의
승려들이 몰려들어 수도했다는 것이다.

이처럼 신라시대의 해상교통이 빈번하였음은 당시의 조선술이 대륙횡단용 대형선박을 만들 만큼 크게 발전했음을 의미한다. 조선 기술이 우수하여 섬나라인 일본에 조선 기술을 전하기도 하였다니, 통일신라 이전인 3세기경 일본 응신왕(應信王) 때에도 이미 조선 기술자를 일본에 파견하여 그곳의 조선술, 특히 큰 선박의 제조 기술을 가르쳐 줄 정도였다. 그리하여 통일신라 때는 동양의 해상왕 장보고가 나타난다. 그는 일명 궁복(弓福)이라고 하며, 그의 벗 정연(鄭年)과 더불어 무예에 뛰어났다고 한다. 정연은 수영을 잘하여 50리 바다를 능히 헤엄쳤다고 하며, 장보고는 그의 의형이었다고 하니, 이러한 전설은 그가 해상활동의 천부적 소질을 타고났음을 뜻한다. 이 두 사람은 일찍이 당에 건너가서 서주지방의 일소장(一少將)으로 활약하면서 1년에 쌀 500섬의 수확이 있는 전답을 기본재산으로 하여 법화원이란 절을 세워 당에 살고 있는 신라인들의 본거지로 삼기도 했다.

당시 황해 바다에는 중국인 해적들이 들끓어 신라인의 생명과 재산을 약탈해 갈 뿐더러, 신라인을 노예로 삼아 중국 땅에 데리고 가서 팔고 부리는 일이 그치지 아니하였다. 이러한 사실에 대해 장보고는 민족적 의분이 터져 당의 관직을 버리고 귀국, 왕에게 보고하고 군사 1만 명으로 전남 완도에 청해진을 설치하고 해적의 퇴치를 감행하였다. 그때가 흥덕왕 3~4년(828~829년)경이었다. 이로부터 해적은 사라지고 해상은 다시 평온을 회복했다고 한다. 장보고는 그것을 기화로 큰 선박을 많이 만들어서 중국과 일본을 왕래하면서 대규모의 무역에 앞장섰다. 일본에 대해서도 교역활동을 벌여 규슈 지방을 왕래하였다는 것이다. 그는 이른바 회역사(廻易使)라는 무역사절을 자주 일본에 파송하여 신라·당·일본 사이의 국제무역을 행했다. 일본 정부에서는 그에 호응하여 정식 교역에 응하여 청해진과 일본 사이에 무역활동이 활발해졌다.

또 《입당구법순례행기》에 의하면, 장보고의 대당 해상활동은 실로 눈부신 것이었다. 원래 장보고의 활동무대가 중국의 산동성 등주지방이었고, 이곳이 또한 우리나라와 중국과의 해상교통의 요충이어서, 그가 건립했던 이곳의 사찰 법화원은 온갖 정보가 몰려드는 당나라 안의 신라였다. 중국의 사신들이 해로를 넘기 전에 먼저 등주를 거쳐 법화원에 들러 사전에 편의를 도모하며, 만반의 준비를 모두 이곳에서 갖췄다는 것이다. 또한 신라의 상선들도 역시 이곳 적산포에 들러 그쪽 사정을 탐문했다고 한다.

당시 장보고의 해상활동 판도는 양자강 어귀에서 산동반동, 한반도 남단 완도에서 일본 규슈에 이르기까지 매우 광대한 것이었다. 고대의 동양해상에 국제 무역을

실현시킨 장본인으로서 장보고의 활동은, 당시 한국의
문화수준이 그만큼 당당했음을 시사하는 바가 크다. 또
한 이것은 뒤에 국제적으로 '코리아(KOREA)'란 이름을
남긴 고려시대의 활발한 국제무역의 전조라고도 할 수
있다.

고려청자

　머루랑 다래랑 한데 어울려 청산에 살던 고려인들의 생활문화가 잔잔히 배어든 푸른 오지그릇. 고려청자에는 한국의 멋이 그대로 집약되어 있다. 푸른 언덕(靑丘:우리나라의 별칭)의 나라 곳곳에 드러난 산자수명이며 그 위에 신비스럽게 서린 안개가 포근한 조화를 이루면서 청자 속에 고스란히 아로새겨져 있는 것이다. 하늘 빛깔도 여러 가지다. 검푸르게 짙은 빛깔에서 희부옇게 바랜 빛깔에 이르기까지. 그런데 고려청자의 빛깔은 비온 뒤의 해맑은 하늘빛이다. 고려인들은 자연의 빛깔 중 가장 맑은 빛깔을 선별해 내어 그 멋을 한껏 즐긴 것이다. 이처럼 고려청자는 무엇보다 부드럽고 연한 비취 빛깔을 가장 자랑삼는다. 중국인이 자랑하던 당나라의 비색(秘色)을 능가하는 이 독특한 '고려 빛깔'을 마련하기까지는, 상당히 오랜 세월에 걸친 고려 도공들의 시행착오가 있었던 것 같다.

　고려청자로서 가장 오래된 것은 현재 이대부속박물관에 소장되어 있다. 이 항아리의 바닥에는 '순화(淳和) 4

년 계사(癸巳) 태조(太祖) 제일실향기(弟一室享器) 최길회(崔吉會) 조(造)'라고 새겨져 있어 그 제작 연대를 993년으로 추정하고 있다. 이 항아리는 이른바 고식(古式) 청자로서 그 빛깔이 엷은 암갈색이어서 엄밀한 의미의 고려청자와는 좀 질이 다르다. 고려 특유의 청록색 청자가 생겨난 것은 11세기쯤인 것으로 보여진다. 1123년에 송나라 사절단의 일원으로 개성에 왔던 서긍(徐兢)은, 그의 여행기인 ≪선화봉사고려도경(宣和奉使高麗圖經)≫에서 자기가 직접 본 우수한 고려청자들을 여러 가지 소개하면서, 고려의 청자를 만드는 기술이 탁월하고 그 빛깔이 아름답다고 기록하고 있다. 자기 나라에서 개발한 청자의 제조 기술이 오히려 고려에서 더욱 앞서서 발달하고 있는 현상에 감탄한 것이다.

이후 중국인들은 단연(端硯)·휘묵(徽墨)·낙양화(洛陽花)·건주다(建州茶)·고려비색(高麗秘色) 위천하제일(爲天下第一)이라고 하여, 단계(端溪)에서 만들어 내는 벼루, 휘주(徽周)에서 나는 먹, 낙양의 꽃, 건주의 차와 더불어 고려청자를 천하에서 제일 좋은 것이라고 일컫고 있다.

서긍이 보고 놀란 것은 소위 제1기에 해당하는 비색(翡色) 청자시대로, 1050년대부터 100년 간에 걸쳐 만들어진 것으로 보여진다. 갖가지의 상형과 아름다운 유색을 반영한 이 시기의 청자로서 그 제작 연대가 확실한 것은, 고려 17대 인종의 능에서 발굴한 뚜껑 있는 밥사발 같은 것이다. 그 빛깔이 푸르기는 하지만 중천(中天)의 빛깔처럼 그저 짙푸르기만 한 것이 아니라, 지평선 가까이 펼쳐지는 맑고 빛나는 연둣빛 하늘색이다. 이것은 산수를 즐기면서 평화롭게 살아가던 고려인의 생활감정이 그대로 반영된 것이다. 춘하추동 4계절의 고른 자연질서를 음미하면서, 푸른 언덕 위에 피어나는 꽃과 초목에 파묻혀 상냥스런 인정들을 주고받으면서 가꿔 온 풍족한 생활모습을, 아침 저녁으로 사용하는 일상 용기에 두루 떠담은 것이다.

항아리·꽃병·술병·물병·기름병·술잔·접시·향로·연적·필통·베개·타구 등 없는 것이 없다. 이처럼 고려자기는 단순한 장식품으로서만이 아니라 생활 속에 사용되는 일상용기이면서도 청초한 멋을 담뿍 지니고 있다. 이들 청자들은 빛깔뿐만 아니라 오히려 선의 미가 더욱 돋보인다고 할 수 있다. 시작도 끝도 없는 듯한 가늘고 긴 선, 싸늘하면서도 부드러움을 안겨 주는 그 선미(線美) 속에 고려의 환상이 하늘거린다. 때로는 호(弧)를 그리고 타원형을 그으면서, 직선에서 시작하여 언제나 곡선으로 맺고 있다. 끊길 듯하면서도 끊기지 않고 이어지는, 이 청초하면서도 부드러운 선미 속에서 우리는 '코리아'라는 국명을 낳은 고려인들의 '은근과 끈기' 정신을 찾게 되지 않는가?

1150년부터 100년 간 제2기로 접어들어서는, 철분을 함유한 청록색 또는 담황색의 유약을 입혀서 불에 구워 만든 상감청자가 나타나 고려청자의 극치를 이룬다. 도자기의 표면에 여러 가지 무늬를 새기거나 그 부분을 파서, 그 자리에 금·은·구리 등을 채워 넣어 만든 것 등 무늬의 종류도 갖가지이나, 이 중 가장 두드러진 것은 구름과 학, 들국화와 포류수금(蒲柳水禽)의 경치이다. 국보 제92호인 청동은입사포류수금문정병(靑銅銀入絲蒲柳水禽紋淨瓶)이 그 대표적인 것이다.

아늑한 개울가의 풍경이 온통 병 표면에 잔잔히 넘쳐 있고 구름무늬가 병목을 은은하게 감싸고 있다. 물가에는 두 그루의 버들이 늘어섰고, 갈대밭 가에 세 사람이 서 있으며, 물 위에는 세 척의 배와 물오리 떼가 떠 있어 전체가 잘 조화된 환상적 분위기를 자아낸다.

헐려지는 광화문에 일본의 양심을 걸고 조선미를 읊조렸던 저명한 미학자 야나기〔柳宗悅〕는 고려청자를 보고 무어라고 했던가?

'왜 한국사람은 버들을 즐기고 물새를 그리고 구름을 사랑하고 학을 그리려고 생각한 것일까? 누구에게나 스스로 그 의미가 틀릴 것이다. 이 세상에 나무의 가짓수는 많이 있어도 버들가지만큼 길고 가늘고 아름다운 선을 가진 것은 없는 것이 아닌가? 연약하게 흐르는 것 같은 그 선은 이 세상에 편히 쉴 수 있는 더없는 마음의 암시 그것이 아닐까? 무늬는 버들의 무늬에 있어서 완전히 한국의 무늬를 나타내고 있다. 그 쓸쓸한 버들의 그늘에서 노는 물새는 무엇을 말해 주는 것이겠는가? 물은 흐르는 물이 아니겠는가? 그것도 선의 흐름일 것이다. 물새는 그 흐름 사이사이에 뜨는 물새가 아니겠는가? 한시도 부동의 형태를 갖지 않는 물의 흐름, 한시도 대지를 밟는 일이 없이 떠다니는 물새, 이것이야말로 민족의 마음에 새겨진 친근한 경험의 상징이 아닌가?…… 아마도 운학(雲鶴)의 무늬에 있어서도 같은 마음의 느낌이 있을 수 있을 것이다. 한없이 넓은 하늘 한가운데에 하나둘 조각이 되어 뜨는 쓸쓸한 구름, 또는 그 속을 목적지도 없이 날아가는 두세 마리의 학…… 그것은 마음의 부름을 받는 무늬이다.'(유종열 저 ≪한국의 미술≫)

그는 이처럼 자문자답 속에 고려청자의 미를 담뿍 함축시키고 있다.

상감(象嵌)이라고 하는 재주는 고려 사람만이 가지고 있는 독창적인 재주여서, 먼저 흙에다 무늬의 홈을 파서 옴폭한 골을 만들어 놓고, 여기에다 백토나 붉은 흙 또는 진사(辰砂)를 메워서 무늬를 꾸며 놓은 것이다. 이것을 한 번 살짝 구운 다음, 다시 청자유(釉)를 씌워서 오래 굽게 되는데, 이때에 백토만은 그냥 희게 나오지만 붉은 흙은 검게 나오고 진사는 빨갛게 나온다. 이처럼 무늬로 홈을 파고 거기에 백토나 진사를 메우는 수법은 영원성을 동경하는 우리 선조들의 '은근과 끈기'의 마음을 생생하게 반영시킨 것이라고 볼 수 있다.

이 상감의 수법은 다른 나라에도 있기는 했지만, 그

것은 금·은 세공의 수법으로만 쓰였을 뿐이다. 따라서 도자기에 있어서는 고려의 것이 독특했으므로 이 점만으로도 세계의 자랑거리라 할 수 있다.

고려청자를 굽던 요지는 전남 강진, 전북 북안의 것이 가장 유명하며, 이들 지역에서만 각각 90여 개소, 60여 개소의 요지가 남아 있어 곳곳에서 청장의 파편이 발견되고 있다. 이 밖에도 충남 대전 교외, 경기도 고양군, 황해도 송화군, 평남 강서군 등에서도 요지가 발견되고 있는 사실을 보면, 당시 거의 전국에서 고려청자가 만들어진 것이 아닌가 생각된다. 이러한 청자들은 그 무늬나 형태로 보아 일반 평민층이 아닌 귀족이나 왕궁의 일상 용기라는 점, 또 《고려사》에 제요직(諸窯直)이라는 관명이 있는 점으로 미루어 이를 구워 낸 요지들은 대체로 관영형태가 아니었는가 보여진다. 1250년부터 100년간 고려청자의 제3기는 거란·몽고 등의 침략에 시달리면서 쇠잔해 가는 고려의 몰락기와 포개어진다. 그 독특했던 청록 빛깔은 암회청색 또는 회갈색으로 퇴화하고, 그 티 없이 뻗어가던 선의 무늬도 점차 무디어져 타락 형식을 띠게 된다. 그리하여 잔잔했던 고려의 현실이 일그러져 양반들의 횡포가 휩쓸던 이조로 넘어오면서 어느덧 자기의 모습도 변모한다. 이조의 도공들은 양반들의 횡포에 짓눌려서 지상의 현실세계보다도 드높은 푸른 하늘을 동경하여 검푸른 빛깔로 자기를 물들인 것이다. 이렇게 보면 예술이란 곧 시대상의 반영이란 점을 일깨워 주는 표본으로서 고려청자는 우리 앞에 클로즈업되는 것이다. 고려청자의 제조기술을 전승받지 못했다고 한탄만 해서 되겠는가?

국립박물관 미술과장 최순우 씨는,

'고려청자를 오늘날 그대로 재현하려는 것은 의미 없는 일이고, 그토록 멋진 예술품을 창조하여 낸 선조들의 슬기에서 우리 민족이 지닌 잠재역량의 긍지를 일깨워야 할 것이다.'

고 역설했다. 1930대부터 여러 차례 내한하여 고려청자에 매료됐던 런던 국립빅토리아 앤드 알몬드 박물관 도자기 부장 하니 박사는, '과거 인류가 만들어 낸 공예품 중 가장 뛰어난 작품'이라며 최고의 찬사를 아끼지 않았다.

고려청자에 대한 이 논평은 세계 도자기 전집에도 소개되어 세계 학계에서도 그 예술적 가치가 공인된 셈이다. 현재 국립박물관에 소장되고 있는 고려자기는 3천여 점. 모두가 하나같이 귀중한 예술품이다. 중국의 오지그릇이 모양만 크고 육중하며 그 선이 무딘 데 비해, 고려청자는 양감이 날렵하고 선이 물 흐르는 듯 유려하고 우아하며, 맵시가 가냘픈 듯하면서 청초하여 전체적으로 균형 잡히고 조화를 이룬 천의무봉(天衣無縫)의 멋진 자태로서 전세계에 한국의 미를 자랑하고 있는 것이다.

팔만대장경

'달단(몽고민)의 환란은 몹시 가혹하오이다. 그들의 잔인하고 흉악한 본성은 말할 것도 없거니와 그 어리석고 몽매함이 짐승보다 더 심하오니 천하에 가장 소중한 불법(佛法)이 있는 줄을 어떻게 알리이까.'(대장각판 《군신기고문》 이규보 저)

얼마나 애절한 기원인가? 700여 년 전 당시 세계를 제패했던 몽고족의 침략으로 전대미문의 국난을 맞은 고려의 군신 문무백관이 국운을 걸고 16년 간 온갖 힘을 기울여 다듬어 새긴 팔만대장경. 국보 제32호를 고스란히 소장하고 있는 해인사에 이르는 길은 당대의 시국을 반영하는 듯 구불구불 험난하다.

미끈한 고속도로 위를 달리다 산길로 접어든 탓일까? 대구에서 72km, 합천에서 42km. S자형·U자형으로 울퉁불퉁 깎아지른 벼랑길은 해인사를 찾는 사람들에게 스릴을 느끼게 한다.

신록의 가지 사이를 헤치고 투사되는 햇살이 숲 속 군데군데 얼룩덜룩 보기 좋게 그늘 무늬를 수놓는다. 숲의 터널을 한참 지나 가야산(1432m) 중턱 해발 1천

m 지점에 이르면 앞이 탁 트이면서 해인사가 나타난다. 신라 애장왕이 명승 순응(順應)과 이정(利貞)을 위하여 동왕 3년(802년)에 건립한 사찰이다. 고려 현종 이후 일곱 차례나 화재를 당했으나 팔만대장경이 소장된 수다라전(修多羅殿)·법보전(法寶殿) 두 건물만은 신통하게도 아직껏 까딱없다는 것이다. 두 보고(寶庫)는 모두 60간으로 목전(木殿)인 대적광전(大寂光殿) 배후 해인사 전경이 한눈에 들어오는 높은 지대의 남과 북에 나란히 누워 있다. 1488년에 건립되어 지금까지 근 500여 년이 지나도록 기둥 하나 기울지 않았고, 판가(板架) 등 진열 장치와 통풍·방습, 그리고 인경(印經) 작업 때의 통행에 이르기까지 용의주도한 배려를 하였음을 한눈에 알 수 있다.

정남 방향에는 직사광선이 비쳐 들어 대장경이 상하지 않도록 3m쯤 거리를 띄어 판가를 세워놓았다. 또 습기를 받지 않도록 지상 30cm쯤에 판가를 마련하였고, 아래 통풍구의 넓이를 윗것보다 4배쯤 크게 하여 산 밑에서 불어오는 바람이 잘 통하도록 꾸며놓았다.

진열 판가를 따라 즐비하게 빽빽이 들어찬 대장경판의 행렬들이 고려 병졸들의 열병식처럼 그로테스크하게 클로즈업된다. 피비린내나는 살육과 약탈, 공포로 유라시아 대륙을 휩쓴 몽고군이 고려 땅을 여섯 차례나 짓밟았던 때를 상기해 보자. 동해성국(東海聖國)의 조야

관민(朝野官民)은 세계를 정벌한 이 막강하고 야만스런 적 앞에 그저 사색이 되어 경악할 뿐, 전국을 초토화하면서 강화도로 쫓겨 가 98년 간 끈질긴 저항을 하는 수밖에 없었다. 그러면서 부처님의 힘으로 나라를 구하기 위한 안보 사업으로 대장경판을 간행한 것이다.

그 전에도 외적의 침입은 잦았다. 거란족이 압록강을 넘어 세 차례나 쳐들어와, 현종 원년(1010년)에는 수도 개경이 함락되어 왕이 멀리 나주까지 피난해 가는 수난도 겪어야 했다. 이리하여 현종 때 착수하여 문종에 이르기까지 30년에 걸쳐 5048권에 달하는 초판고본(初版古本) 대장경을 완성한 것이다. 1232년(고종 19년) 몽고가 쳐들어왔을 때, 이들은 무엇보다도 이 경판부터 불질러 없앴다는데, 그때 타지 않고 남아 있는 것은 현재 일본 교토 남례사(南禮寺)에 1715권이 전하고 있을 뿐이다. 뒤이어 대각국사 의천(義天)이 송에 갔다 오면서 수집해 온 불경과 요(遼)·일본에서 수집한 불경의 총목록을, 문종 27년(1073년)부터 ≪신편제종교장총록(新編諸宗敎藏總錄)≫대로 새긴 것이 ≪속(續) 대장경≫이다. 모두 1010부에 4740권으로, 역시 몽고의 병화로 없어졌으나, 다행히 그 일부가 남아 순천 송광사에 ≪대반열반경소(大般涅槃經疏)≫ 9, 10권이 있고, 고려대 도서관에 ≪천태사교의(天台四敎儀)≫, 일본 나라〔奈良〕의 동대사(東大寺)에 ≪화엄경수소연의초≫ 40

권, 나고야 진복사에 ≪석마하연론통현초≫ 4권이 남아
있다.

　몽고의 침입을 받아 강화도에 피난중 국민 정신의 흐
트러짐을 수습하고 필승의 신념을 굳히기 위하여 만든
것이, 현재 해인사에 보관되어 있는 팔만대장경이다.

'대장경도 한 가지요, 발원(發願)함도 한 가지며, 고금이 같
을진대 어찌 그때의 거란병만 물러가고 지금의 몽고병은 안
물러가리까?'

하는 당시 왕후장상들의 애끓는 호소가 지금 마주 선 팔
만대장경의 판각에 서린 듯 숙연한 분위기를 자아낸다.

　1236년(고종 23년), 전란중에도 불구하고 전국의 학
자·기술자를 총동원하여, 자재를 모두 끌어모아 강화
도에 본사를 두고 진주·남해에 분사를 두어, 타버린
대장경을 다시 새기는 데 전국력을 쏟아 온 것이다. 경
판 1장은 앞뒤 14×23행으로 644자가 되니, 모두 8만
1258장이므로 5000만 자가 훨씬 넘는 방대한 규모이
다. 200자 원고지 30만 장쯤 되는 엄청난 분량이다. 이
많은 글자를 한 자 새기고 합장을 한 번 하는 경건한
태도로 완성하였다니, 거기에 기울인 정성이 어떠했는
지를 미루어 알 수 있다. 이렇듯 수많은 글자 중 1획도
틀린 것이 없으며, 또 그 조각이 정묘하기로도 세계의
으뜸이란 것이다.

　1변 1cm 정도 크기로 반듯이 또박또박 새겨진 반들반들 윤나는 글자들이 금방이라도 툭 튀어나올 듯이 생생하게 느껴진다. 멀리 상주에서 왔다는 여신도 관광객 30여 명이 진열 판가 위의 대장경판을 향하여 일제히 머리 숙여 합장했다. 수학여행 온 남녀 중고교생들이 안내승(僧)의 설명에 조용히 귀를 기울인다. 이곳의 중들은 모두 해인강원(海印講院)에서 매일 4시간씩 팔만대장경을 공부한다. 영어 강의도 하여 앞으로는 대장경을 영역할 준비도 갖추고 있다고 한다.

　700여 년의 긴 세월을 지나면서도 곤충이나 좀이 생기지 않고 박테리아도 접근하지 않는다는 팔만대장경. 당시 강화도에 좋은 목재가 없어, 남해 거제도에서 자작나무 원목을 베어다가 바닷물에 3년 간 담근 뒤에 꺼내어, 염수에 삶고 또 이것을 그늘에 말려 글자를 새긴 뒤에 그 위에다 옷칠을 하였다니 정말 정성 어린 결정이라 할 수 있다. 양 끝에 뒤틀리지 않게 각목을 붙이고 네 귀는 구리로 장식하였으나 군데군데 파랗게 녹이 슬어 있다.

　몇 년 전 상바르 전 주한 프랑스 대사는 ‘현대 과학을 능가하는 가장 완벽한 제조·보존이니, 섣불리 손대지 말라’는 충고를 했다고 한다. 이곳을 둘러본 미국인들은 ‘땅바닥에 DDT 성분이 많지 않느냐’고 과학적 농담도 했다고 한다. 월남의 탐 차우 스님도 ‘한국의 위대한 사업'이라고 격찬했다고 이곳 해인사 스님들이 전했다.

매일 한 사람이 1면씩 새긴다고 해도 250년이나 걸린다는 계산이 나오니, 전부를 16년 동안에 완성하였다는 것은 곧 30명의 각자공(刻字工)이 일한 셈이다. 이밖에도 서자생(書字生)·운반부·목공·칠공·건축 인부·교정사(校正士)·기도승(僧)을 모두 합쳐, 매일 200여 명이 대장경판 제작에 꼬박 16년 간 매달린 셈이니 얼마나 엄청난 거사였겠는가? 그런 중에 국민 전체가 장경(藏經) 사업으로 인하여 종교적으로 정신을 통일하고, 일사분란하게 백절불굴의 투지로써 국난 퇴치에 온 힘을 쏟아부은 것은 곧 500년 고려를 버티게 한 초석인 것이다.

반면에 현종 때부터 시작하여 대각국사의 ≪속장경≫으로 이어져 고종 때까지 140여 년 간, 어쩌면 좀 미련하다고 할 만큼 한 곬으로 힘을 쏟은 것이다.

아이러니하게도, 재정을 탕진하여 고려 자체를 망칠 만큼 ≪팔만대장경≫은 고려의 잔영을 고스란히 떠안고 있는 것이다. 여하튼 한 곬으로 파고드는 끈기와 성실이 아쉬운 오늘의 세태에 집념의 산 교본이라고 할 수 있겠다.

≪팔만대장경≫은 세계의 모든 종교 중 성전이 가장 많다는 불교의 경전을 모두 떠담고 있다. 3000여 년 전 석가모니가 설파한 경전의 전부인 경장·율장·논장 등

대장경이 중국에서 10여 차례 간행된 것을 비롯하여, 몽고·만주·거란·티베트·일본 등 아시아 20여 불교국에서 간행되어 왔지만, 고려의 ≪팔만대장경≫만큼 완벽하고 풍부한 내용을 지닌 것은 아직 발견되지 않고 있다. 대장경목록 3권에 의하면 ≪대승경≫ 529부 2171권, ≪대승률≫ 26부 53권, ≪대승론≫ 98부 526권, ≪소승경≫ 242부 616권, ≪소승률≫ 54부 439권, ≪소승론≫ 36부 704권, 인도찬술 68부 187권, 중국찬술 41부 365권 등 모두 682함(函) 1524부 6548권으로 되어 있다. 이 팔만대장경에는 이미 없어졌던 것으로 단정되었던 요나라 희린(希麟)의 ≪속일체경음의(續一切經音義)≫ 20권이 완전 수록되어 있어, 그 학문적 가치가 세계 학계에 널리 인정되어 있다.

이처럼 팔만대장경은 여러 나라에서 개판(開板)된 것 중 가장 우수하며 그후 줄곧 모든 장경의 원본이 되었다. 이 방대한 양을 인쇄하려면 1년 이상 걸려야 종이·먹·붓과 같은 필기자료 도구를 마련할 수 있고, 그 비용으로 억대를 계상하게 된다니 실로 엄청나다.

이 대장경은 이조 태조 2년에 1부를 인쇄하여 해인사에 봉납하고, 태종 10년에 또 인쇄하고 세조 3년에 50부를 인쇄한 것이 제일 많다고 한다. 이것을 일본 원성사의 중 에이고[榮弘]가 가지고 가서 동경 증왕사에 21부가 봉안되어 있다. 그후 연산군 6년, 중종 7년에 1

부씩을, 또 고종 때 몇 부를, 그리고 1937년에 만주 황
제에게 봉정하느라고 2부를 인쇄했다. 지난 1956년부
터 동국대 부설 역경원에서 영인하여 20여 권을 양장
제책으로 축쇄 출판하고 있다.

독일의 구텐베르크가 금속활자를 만들었던 1450년보
다 200년이나 앞서 새겨진 팔만대장경은, 이처럼 불법
전파의 매체로서 오늘의 우리와 이어지고 있는 것이다.
무력으로는 도저히 꺾을 수 없는 외적을 불력(佛力)을
빌려 물리친다는 호국신앙에 한걸음 앞서 문화민족으로
서의 자긍심을 다짐하면서, 보다 적극적으로 불경의 대
자대비를 간행하여 야만을 깨우치고 교화시키려 한 산
표본이 아닌가?

이조에 접어들면서 왜구가 중부해안까지 침범하여 매
년 옹진을 불태우고 강화까지 약탈하자, 팔만대장경을
바다에서 멀리 떨어진 깊숙한 가야산의 오지 해인사로
옮긴 것이다. 이곳은 삼재팔난(三災八難)이 불가침이라
는 명산대찰이기도 하거니와, 주지가 총섭의 지위를 가
진 승군의 장수였다는 점에서 안성맞춤의 요새였던 것
이다. 한 장의 무게를 3kg씩 잡아도 2400톤이나 되는
이 막중한 경판들을 운반하는 데는, 당시 국민 모두가
부역에 총동원되었을 것이다.

운반 경로는 물길을 따라 한강을 거슬러 충주를 지나
새재를 넘어 김천·청송을 거쳐 해인사로 왔다는 설과,

또 강화에서 남해를 돌아 진주 남강을 끼고 올라왔다는 구전(口傳)이 있다. 당시 해안에 자주 출몰한 왜구를 피하기 위해 대장경을 안전지대로 옮긴 것이라면, 역시 좀 힘들기는 했겠지만 내륙지방을 택하지 않았는가 보여진다.

불교국 일본이 16세기에 와서도 대장경판을 새길 능력이 없어, 전후 60여 차례나 사절을 파견해 와서 우리의 대장경판을 구청(求請)해 오기도 했다. 때로는 며칠씩 단식으로 경건한 농성을 벌이면서까지! 그런데 오랜 세월을 지나는 중 일부이기는 하나 판본이 삭고 글씨가 마멸되어 옥의 티라고나 할까, 보기에 매우 안타깝다. 또 판가(板架)에 대장경판이 현재 2층으로 쌓여 있고, 또 그 꼭대기에도 쌓아올려 2배 이상의 중량을 버티어 내고 있으므로, 똑같은 크기의 판고(板庫)를 2개 더 신축해야 할 보존의 문제가 있다.

더 이상의 마멸을 막기 위해 현재 판고는 자물쇠를 잠가 일반에게 공개하지 않고 있으나, 앞으로 영구보존을 위해서는 또 어떤 지혜가 필요할지? 방부제를 한 번 더 사용하는 것이 급선무이나, 화학약품은 마멸·훼손 등 부작용을 가져올 우려가 있고, 천연 옷칠을 하자니 현재 그렇게 많은 옷나무가 국내에서 재배되지 않고 있는 딱한 실정이다.

금속활자

국민학교에 입학하여 글자를 배우기 시작하면서부터 우리는 이 세상을 떠나기까지 활자와 인연을 맺는다. 전파매체가 어떻고 촉각매체가 어떻고 하며, 텔레비전 스크린에 매료된 맥루한이란 학자가, 제법 그럴 듯하게 활자를 외면한 현대문명 속의 '원시림론(原始林論)'을 제나름대로 펼쳐 내어 한때 떠들썩하게 했지만, 활자의 기능이 인류가 사멸할 때까지 존속되리라는 것은 누구나 부정하지 못할 것이다. 이러한 추론은 '활자시대는 지나갔다'고 선언했던 맥루한 자신의 재치 있는(?) 이론 체계가, 활자의 힘을 빌려서만 제대로 기록되고 알려질 수 있었으니, 이것 역시 하나의 아이러니랄까.

1450년 독일의 구텐베르크가 만들어 낸 것보다 200년이나 앞서서 우리의 선조들이 금속활자를 발명해 냈으니 얼마나 놀라운 일인가? 이는 인류문화의 혁명을 움트게 한 '활자시대'의 출발이 구미인(歐美人)보다 200년이나 앞선 것을 의미한다. 고려가 몽고의 침입을 피하여 강화도로 옮겨 갔을 무렵, 당시의 재상 이규보가 강화 정권의 실권자이던 최우(崔瑀)를 대신하여 쓴 ≪신인상정예문발미(新印詳定禮文跋尾)≫에 다음과 같은 기록이 있다.

    '고려 인종 때 고금(古今)의 예별(禮別)을 상작(商酌)하여 ≪상정고금례(詳定古今禮)≫라는 50권의 책을 편찬하였는데, 그후에도 글자가 빠지고 하여 최우의 아버지〔崔忠獻〕가 보집(補輯)하게 하여, 2부를 만들어 1부는 예부에 간직하고 다른 1부는 자기 집에 두었던 바, 강화로 천도할 때 예관이 못 가져왔거늘 최우가 이를 가져왔더니, 1부만이 남아 있기에 없어지지 않게 주자(鑄字)를 써서 28부를 찍고 여러 관아에 두게 하였다.'(1913년, 조선고서간행회 간 ≪동국이상국집≫'

이 연대는 최우가 진양공(晋陽公)으로 받들어진 1234년으로 추산되며, 고려의 금속활자 발명 시기로 현재 국사상(國史上) 공인되고 있다. 이러한 주자(鑄字)의 발명이나 또는 처음 사용된 기록이 특기되어 있지 않은 점은, 당시 주자 인쇄는 철전(鐵錢)이나 절간에서의 종(鐘)·불상을 주조하는 기술 등과 더불어 이미 상당히 보편화되어 있었기 때문인 것으로 보여진다. 몽고의 침입을 받아 방대한 양의 서적들이 불타 버렸기 때문에, 짧은 시일 안에 각종 서적들을 발간할 필요성에서 주전(鑄錢) 기술을 원용(援用)하여 주자기술로 발전시키게 된 것이다.

당시의 인쇄기술은 단지 송나라의 목판 기술을 모방

하여 주자로 바꾼 데 지나지 않는 원시적인 단계에 맴돌고 있었다. 오히려 같은 시대에 활판인쇄를 제쳐 놓고 《팔만대장경》과 같이 목판인쇄에 주력하여 그 진가를 크게 발휘했던 점, 또 활판인쇄의 자체(字體)가 별로 아름답지 못한 점으로 미루어 보아, 당시의 활판인쇄는 다만 몽고의 침입 때 한꺼번에 타버린 책들을 시급히 간행해 낸다는 임기응변의 범위 이상을 뛰어넘지 못했던 것으로 보여진다.

그 이후 여말(麗末)의 혼란기를 거치면서 활판인쇄술은 별 진전을 보지 못했던 것 같다. 근세조선으로 넘어오면서 1403년 태종 계미년(癸未年)에 조선왕조로서는 처음으로 금속활자를 주조했다. '억불숭유'를 새 국시로 삼은 조선왕조는 유학을 퍼뜨리기 위한 서적이 많이 필요했으므로, 새로이 주자소를 두고 활자를 만들게 한 것이다. (《태종실록》 1403년 2월 경신)

당대의 뛰어난 학자 권근 같은 이도 목판인쇄로는 판각한 곳의 글자 획이 이지러지고 없어지기 쉬울 뿐 아니라, 천하의 책을 모두 찍어낼 수가 없으므로 동(銅)으로 주자를 만들어 찍게 하였는데, 《고주시서(古注詩書)》와 《좌씨전(左氏傳)》의 글자를 자본으로 하여 동활자를 주조하게 하여 몇 달 동안에 수십만 자를 주조하였다는 것이다. (권근 저 《양촌집 22》)

그러나 이때의 인쇄기술도 활자 하나하나의 네 귀가

꽉 짜이지 않았던 것이며, 또 조판할 때 황엽을 녹여 부은 후 그것이 굳기를 기다려서 인쇄하였기 때문에, 하루에 겨우 몇 장을 찍어내는 것이어서 오늘의 인쇄시설과는 비교가 되지 않는다. 하지만 활자인쇄가 이때에 와서 비로소 실용화되어 조야(朝野)가 이 분야에 관심을 기울인데다, 당시의 계미자(癸未字) 활자로 찍은 인쇄물이 아직까지 남아 있으므로 그 확고한 물증을 가지고도 서양의 금속활자보다 50년쯤 앞서 발명된 사실을 확인할 수 있다. 계미자로 인쇄된 책들은 기록에 보이는 것만 해도 《대학연의(大學衍義)》《십칠사(十七史)》《원육전(元六典)》《승선직지록(乘船直指錄)》《동국약운(東國略韻)》 등이 있다.

인쇄된 책들을 부분적으로 판매했던 기록 (《태종실록》 갑진조 1410년 2월)도 엿보인다. 이처럼 서적의 수요가 늘어난 시기에 즉위한 세종은, 조판기술의 개량과 인출(印出)의 능률을 올리는 데 무척 애를 쓴 것 같다. 즉 1422년 겨울까지 주자를 새로 만드는 과정에서 세종은 친히 연구 지시하여 동판을 다시 부어 활자와 동판 사이의 틈을 없애는 방법을 개선했다. 그 이후부터는 글자가 움직이지 않고 능률도 몇 배가 올라가, 하루 한 판에 대해 수십 면씩 인쇄할 수 있었다는 것이다.(《세종실록》 1421년 무자조) 이때 경상·전라도에서 생산되는 종이를 각각 1500권과 2500권씩 국고미(國庫米)로 사들였다고 하니, 그 만큼 많은 책을 찍어 냈다는 사실을 알 수 있다. 책의 양산(量産)에 힘을 기울였을 뿐 아니라, 활판인쇄에서 착오가 있기 쉬운 오식(誤植)을 없애는 데에도 게을리 하지 않았다. 당시 주자소에서 박아낸 ≪강목통감(綱目通鑑)≫에 오식이 많아서 교열 책임자랄 수 있는 교서관(校書館) 저작랑(著作郎) 장돈의(張敦義)와 성균직학(成均直學) 배강(裵杠)을 의금부에 가두어 처벌하기도 했다는 것이다.

또 이를 시정하기 위하여 원래의 판본을 옆에 걸고 그것을 보고 교정한 다음에 재교(再校)하게 하였다. 이 때 활자를 20여 만 자 새겨 냈는데, 이 갑인자는 밝고 바르므로 능률이 그 이전의 경자자(庚子字)보다 2배나 되어 40여 지(紙)나 찍을 수 있었다는 것이다. (≪세종실록≫ 65, 정축조)

임진왜란을 맞으면서 경복궁 안의 주자소가 불타는 등 활판인쇄는 일시 중단되었다. 왜병들은 남아 있던 활자와 우리의 기술자를 데려가서 비로소 일본에도 활자인쇄를 시작하였다 하니, 일본의 활자인쇄는 우리나라보다 훨씬 뒤늦게 시작되었다.

고려에서 중국을 거쳐서 서구로 들어갔던 활판법(活版法)이 다시 지구를 한 바퀴 빙 돌아서, 신항로를 개척하던 네덜란드인을 따라 일본 땅에 들어온 것과 시기를 같이한 것이다. 고려를 거쳐 조선조에 이르러 크게 발전한 금속활자는 청대(淸代)의 극성을 떨치던 강희제 (康熙帝)의 요구로 정식으로 중국에 전래되기도 했다. (≪숙종실록≫ 53, 1713년) 이때 활자로 인쇄된 우리 학자의 저작도 보내어졌는데, 그후 1722년 강희제가 편찬한 ≪고금도서집성(古今圖書集成)≫을 동자(銅字) 로 찍은 것이라든지, 또 50년 후에는 활자로 ≪사고전 서(四庫全書)≫가 인쇄된 것은 청에 귀화한 김간(金簡) 이란 조선 사람의 권고로 이루어진 사실 등은 모두 오 래 전부터 중국에 영향을 주어 온 것으로 보여진다.

그러면 서양의 경우보다 훨씬 빨리 발명된 금속활자 가 그들의 경우처럼 문화혁명을 자극하는 동인(動因)이 제대로 되지 못한 이유는 무엇인가? 우리의 경우, 우선 서적의 절실한 대중화 계기를 잡지 못한 데에 그 이유 가 있다 하겠다. 15세기 중엽 독일의 구텐베르크가 마 인츠에서 활판인쇄를 시작한 바로 그 무렵은 곧 마르틴 루터가 종교개혁의 횃불을 치켜들고 라틴어로 씌어진 성서를 독일어로 새로 번역하여 민중에 널리 그리스도 교리를 전파시켜야 할 바로 그때였던 것이다. 또한 중 세의 어두웠던 미몽(迷夢)에서 깨어나 밝은 근세의 합 리주의를 외쳐댄 르네상스 물결이 전유럽에 번졌던 때 였다.

더구나 알파벳의 글자수가 불과 24개여서 활자 기술 을 발전시키는 데는 안성맞춤이었다. 독일계 미국인 메

르겐탈러는 1884년에 라이노타이프를 발명하여 다시 매스미디어로서의 활자기능을 한걸음 더 발전시켰다. 이에 반해 우리의 금속활자는 끝내 독자적으로 기계화되지 못한 채 근대와 단절되고 말았다. 그리하여 애초 서구의 금속활자를 만들어 내는 데에 자극을 주었던 조선왕국은, 오히려 그 말기에 이르러서는 혼란된 내외정세로 말미암아 쇠퇴하고, 도리어 현대적인 인쇄기술을 일본으로부터 배워 오게 되었다. 고종 20년(1883년)에는 정부에 박문국(博文局)을 두고 일본인 이노우에(井上角五郞)를 채용하여 강위(姜瑋)의 감독 아래 ≪한성순보≫라는 관보를 발간하였다. 이것은 신문체를 사용한 것이 특색이었으나 5년 만에 폐간되었고, 1885년에는 선교사 아펜젤러가 배재학당을 설립, 여기에 설치된 인쇄부에서 한글 및 영문 활자를 주조하면서 성서를 간행하였다.

1896년에는 서재필이 국문과 영문으로 ≪독립신문≫을 발간하니, 한국에서의 본격적 매스미디어로서의 활자기술은 이때부터 비롯된다고 할 수 있겠다. 그러나 신식 연(鉛)활자가 들어왔을 때까지도 활자주조 과정에서는 1905년만 해도 보수적인 주전(鑄錢)기술이나 유기그릇을 만드는 과정과 똑같다는 서양사람의 보고 ≪조선 방문기(The Korea Review)≫ 55권 3호(1905년 9월)가 있어 우리의 관심을 끈다. 손보기(孫寶基:연세대 교수) 씨가 개조된 갑인자(甲寅字)로 인정되는 활자를 분석한 결과에 따르면, 함량으로 볼 때 홍놋쇠에 가까우며, 용해도는 섭씨 1050도 정도이고 경도(硬度)는 미국의 표준 구리와 맞먹는다는 것이다. 이러한 사실은 조선의 합금술이 우수했다는 것을 입증한다.

현재 재래식 우리 활자 중 원형대로 국내에 남아 있는 가장 오래된 것으로는 고려대 박물관에 소장되어 있는 오주갑인자(五鑄甲寅字)로 알려져 있다. 그 내용은 《국조보감(國朝寶鑑)》의 일부이다. 이 활자들은 1777년에 주조된 15만 자 중의 일부로서 판목(板木)에 10행×18자의 체제로 어금니처럼 물려 밀초로 조판되어 있다. 영·정조 때만 해도 서울과 평양에서 주조하여 87만여 자의 많은 활자를 보유하였으나, 철종 8년(1857년) 교서관(校書館)의 화재로 70만 자가 없어지고 17만여 자가 남게 되었다. 이듬해에 다시 구리로 만든 17만여 자의 정리자(整理字)가 현재 국립박물관에 보존되어 있다.

개성장부

아이들은 장사놀이에 장부를 즐겨 쓰지 않는다. 복잡한 계산을 할 수도 없고 자칫 놀이의 기분을 망치게 하기 때문이다. 물건을 맞바꾸는 물물교환시대에도 장부는 필요없었다. 기록해 둘 만큼 번잡한 거래가 아니었기 때문이다. 현대적 스타일을 갖춘 장부가 생겨난 것은 12세기를 넘어서면서부터다. 상업이 발달하면서 그만큼 물량이 풍부해지고 거래가 활발해졌기 때문이다. 거꾸로, 복식부기가 발명되어 걷잡을 수 없을 만큼 복잡해진 거래 유형을 정리할 수 있게 된 것이 상업발전을 촉진시킨 원인 중의 하나로 해석되고 있다.

이런 뜻에서 장부는 각 시대 사회·경제의 반영이라고 할 수 있다. 어떤 회계사가(會計史家)는 '회계의 역사는 대략 문명의 역사이고 회계는 시대의 거울이다'라고 말했고, 세계적인 천재 괴테는 '복식부기는 인간의 지혜가 낳은 가장 위대한 발명의 하나이다'라고 말했으며, 막스 베버도 '복식부기의 원리는 바로 자본주의 정신과 직결된다'고 말했다.

　이러한 장부가 바로 우리 선조들에 의해 처음으로 씌어졌다. 고려시대부터 전래된 개성의 복식부기는 서양보다 100여 년이나 앞섰으며, 기술적으로도 더 우수하다는 것이 입증되고 있다.

　'복식부기가 처음으로 발명되어 사용된 것은 한국이다. 때는 12세기의 일이었고, 그와 동일한 제도가 세계 상업의 중심지인 베니스에서 고안된 것은 15세기에 이르러서였다.'

　이것은 오스트리아 회계사협회의 기관지 ≪연방회계≫ 편집후기에 명기된 내용이다. 중세의 십자군 전쟁을 계기로 지중해를 중심으로 하여 활발한 상업활동에 영향을 받은 베니스에서 복식부기가 발명되었다는 종래의 정설을 서양 사람 스스로가 뒤엎고, 동양의 고려에서 복식부기가 최초로 고안, 사용되었다는 사실을 처음으로 인정한 공식 기록이다.

　개성부기의 고유명칭은 ≪사개송도치부법(四介松都治簿法)≫이다. 누가 누구에게 주고받는다는 거래형상을 딱 떨어지게 처리하도록 짜여져 있다. 그것이 학자들의 관심을 끌어 세상에 알려진 것은 1911년의 일이다. 당시 다무라 류스이〔田村流水〕는 ≪동경경제잡지(東京經濟雜誌)≫에 '고려시대에 복식부기가 있었다'는 글을 실어 학계의 주목을 받았다. 1916년에는 현병주(玄丙周)가 ≪사개송도치부법≫을 내어 개성부기에 대한 이론을 체계화했다. 그후 일본인 학자 센쇼 에이스케[善生永助]가 〈개성의 상인과 상업관습〉에서 이 문제를 다뤘고, 독일의 ≪경영학지≫(1924) 등에도 소개되었다.

서양의 복식부기가, '장래에 주고받을 것이다'라고 미래로 미루는 형식을 번거롭게 쓰고 있는데 비해, 개성부기는 '당장에 누가 무엇을 가져가고 가져온다'는 식으로 간결하게 거래관계를 처리한다. 또 서양의 것은 금액으로 환산해서만 처리하나, 개성부기는 물건 그대로 주고받은 것도 처리할 수 있게 되어 있다. 모든 거래를 사람이 하는 것으로 표기하여 이해하기가 쉽다. 이런 발상법은 자본주와 점포, 즉 소유와 경영을 분리·독립시킨 것이고, 고려시대 거래의 대부분이 현금을 사용한 것이므로, 돈을 넣어둔 금궤를 마치 사람처럼 생각하고 권리·의무의 주체로 기록했다. 서양부기에서는 이보다 훨씬 뒤인 1633년에 이탈리아의 플로리가 지은 ≪복식장부기입법론≫에 비로소 장부의 의인화(擬人化)가 시도되었으나, 개성장부는 이미 계정과목에 '씨(氏)'(秩)자를 붙여서 기록했다.

경제제도로서 부기가 생겨나려면 기록자로서의 사유재산, 자본, 상업신용과 표현수단으로서의 서법(書法), 산출, 화폐 등이 갖춰져야 한다고 리틀턴이란 학자가 말했다.

막스 베버는,

　'공동업무에는 계산이 필요하게 되고 상업상 타산적 단체
　형식이 이뤄지는 경우에는 결산을 위하여 정확한 부기가 생겨
　나지 않을 수 없다.'

고 했다.
　이런 조건과 대응해 볼 때 고려시대의 상업활동은 부
기를 필요로 할 만큼 번창했다고 볼 수 있다. 왕이 직
접 상인들과 장사를 한 일이 많다는 것이다. 따라서 귀
족들도 이러한 풍조를 본받아 장사를 했다.
　충혜왕은 국고의 포목을 시장에 팔게 하고(고려사 권
36) 그것을 귀화한 아라비아 상인에게 넘겨 주어서 이
익을 보기도 하고, 또 국가의 재화를 상인에게 주어 원
(元)에 가서 장사를 하게 하고 그들에게 장군의 벼슬을
주는가 하면(고려사 권89), 몽고의 공주였던 충렬왕비
는 인삼과 송자(松子)를 강남으로 보내어 이익을 많이
보았다고 한다.. (고려사 권32)
　현종 15년(1024년)에는 아라비아 상인 100명이 와
서 갖가지 물건을 바쳤고, 이듬해에도 100명이 와서 그
들의 토산물을 바쳤다. 당시 국제무역항이었던 예성강
어귀 벽란진(碧瀾津)의 번성했던 모습은 이규보의 시에
잘 표현되어 있다.

조수(潮水)가 들고 쓰며, 오고 가는 배는 머리와 꼬리가 잇
대 있었다

아침에 이 다락 밑을 떠나면 한낮이 채 못 되어 돛대는 남
만(南蠻) 하늘에 들어가누나

이 나룻길을 이용하면 어느 곳이고 오르내리지 못할 줄이
있으랴

이렇게 볼 때 고려 전역이 서양처럼 자본주의의 발전
단계에 접어든 것은 아니지만, 개성이라는 특수사회는
당시 서구의 함부르크나 베니스 못지않은 상업도시를
형성한 것으로 보여진다. 개성에서 나서 자란 민관식
(전 문교부 장관) 씨는 '일제 때 어린 시절, 학교에서도
부모님께서 가르쳐준 것이 아닌데 일본상점에는 가지도
않았다'고 개성인의 기질을 들려 주었다.

최근까지도 개성에는 시변(時邊)이라는 고리대금의
관습이 남아 있어서, 빚이라면 무슨 일이 있어도 양력
3월과 9월 말 안에는 꼭 갚아야 하는 신용거래가 엄격
하게 지켜져 왔다는 것이다.

개성장부의 원본으로는 16세기 후반의 것이 개성박
물관에 남아 있고 일본의 센쇼 씨가 3권을 소장하고 있
는 것 외에, 현재 우리나라에는 상업은행 도서실에 보
관되어 있는, 천일은행 때(1899~1905년)의 것이 남
아 있다. 개성부기의 현대화가 가능한가는, 구한말 근
대 금융기업으로 천일은행이 생겼을 무렵, 서양장부를

이해 못하는 정부관리나 고객을 위해 개성장부를 대신 사용했으나 아무런 불편이 없었다는 실증으로도 알 수 있다.

해방 후 박종문·윤병욱·허종현·최경천 교수가 개성부기를 연구해 왔고, 최근 윤근호(단국대 수학과) 교수는 이 연구를 더욱 체계화하여 박사 학위를 획득하기도 했다.

계

공통된 이해를 가진 사람들의 지역적·혈연적 상호 협동조직으로서 우리 선조들은 오래 전부터 계를 하였다. 계는 일정한 시일을 정하여 총회를 열고 곗돈의 납부, 이익금의 처분 등을 상의하고 마지막에 회식을 함으로써 산회하는 절차를 취한다.

계의 기원은 멀리 상고시대까지 거슬러 올라간다. 이때에 이미 사상·감정·취미·생산·소비·방어 등 생활양식의 공통된 분야에서 공동 유회·공동 제례·공동 회음(會飮) 등 공동행사를 벌이는 기풍이 있었다. 이러한 자연발생적인 공동행사가 곧 원시적인 계의 형태라고 할 수 있다.

이러한 풍습은 삼국시대에 널리 퍼져 있었으니 《삼국유사》 가락국기(駕洛國記)에 이미 그 기록이 나타나 있으며, 또 경덕왕대(742~764)에는 '만일을 기하여 계를 하였다'고 한다. 이러한 공동 친목의 풍습은 신라시대에 이르러 더욱 발전하여 여러 가지 계가 조직된다. 신라 6부의 여자가 가배(嘉俳)에 하는 길쌈내기나 화랑들의 향도 조직 등은 모두 계의 원시적인 형태라고 할 수 있다. 계는 고려시대에 들어와서 여러 가지 종류로 더욱 발전한다. 동년배들 사이에 행해지는 동갑계, 동족간의 사교를 목적으로 행해지는 동족계, 또 의종 때에는 문신과 무신 간의 반목을 없애고 우호적인 교제를 행하기 위하여 조직된 문무계(文武契)가 있었다.

또 신라·고려시대에는 궁중 경제와 사원(寺院) 경제가 전체 경제활동의 중심을 이루고 있었으므로 궁중과 사원에 의해 경영된 보(寶)가 있었다. 보의 기본 재산은 궁중·사원의 기부나 또는 공동으로 거두어 내는 토지·금전·곡물 등이다. 여기에서 나오는 이익을 가지고 사회사업이나 재화의 대부를 해주던 조직으로, 그 예로는 신라시대의 점찰보(占擦寶)·공덕보(功德寶)·고려시대의 제위보(濟危寶)·상평보(常平寶)·광학보(廣學寶) 등이 있다. 보(寶)는 계와 비슷한 성격을 많이 띠고 있으나 계가 공동사회적인 조직에 기반을 두고 있는데 비하여, 보는 자본의 공급에 주목적을 둔 이익사회적 조직이란 점이 상반된다. 그리하여 조선왕조에 이르러서는 계가 점차 보의 성격까지 띠게 된다. 이조 중기에 이르러서는 거듭된 전란으로 국가재정이 파탄상태에 이르게 되고 관리의 가렴주구·착취가 심해져서 서민생활은 도탄에 빠지게 되었으며, 이를 완화하기 위한 민간자본 이식의 수단으로 계가 다시 크게 보편화된 것이다.

이리하여 조선왕조에서는 크고 작은 여러 가지 종류의 계가 조직되었다. 그 규모와 목적에 따라 조직이 반드시 일정하지는 않아, 계원의 수는 몇 명에서 몇백 명에 달하는 것도 있고, 계장을 두령으로 하여 금전·양곡의 출납과 재산의 관리를 위하여 회계·장재(掌財)·재무원(財務員)으로 유사(有司)·색장(色掌)·집사(執事)라고 불리는 임원을 두었다. 계의 성질에 따라 계원은 강제적 또는 자주적으로 참가하며, 일정한 금전이나 양곡 또는 노동 등을 출자하고, 유사는 이것을 모아 토지의 구입, 자금의 대부 등 여러 가지 방법으로 이식(利息)을 얻고 계의 발전을 꾀하기도 했다. 계원의 출자는 동일한 이익분배를 목적으로 하였으나 이식을 목적으로 하는 계나 수리계(水利契)와 같이 균일한 이익분배를 목적으로 하지 않는 계는 예외였다.

계는 원칙적으로 인적 유대를 주로 하는 부락을 단위로 조직되었으므로, 동계(洞契)·이중계(里中契)·자치계(自治契)·통계(統契) 등이 가장 보편적인 것이었다. 이들은 읍·면·리·동·통 등 지역단체의 주민들로 조직되며, 주민들은 거주하는 것과 동시에 계원으로 간주되어, 도로·교량·위생·교육 등 공동적인 부락생활의 향상과 자치에 협력했다. 또한 납세의 공동담보를 위한 납세단체로서의 군포계(軍布契)·호포계(戶布契) 등이 있었다. 이것은 조선왕조 초기에는 군병의 장비와 생계의 보충을 위하여, 중기에는 군역 면제세로, 후기에는 인두세(人頭稅)로 부과된 군포에 대비하기 위하여 조직된 것이다. 또 후기에 계방(契房)이라는 것이 생겨났는데, 이것은 부촌에 소속된 이서(吏胥)를 돈으로 매수하여 군역·납세 등을 면하거나 또는 그 할당을 감소하기 위하여 조직된 것으로, 정약용이 그 폐단을 지적하기도 하였다.

조선왕조 후기에는 중세사회에 있어서의 상공업의 발달에 따른 특권단체로서의 계조직이 발달했다. ≪경국대전≫에 의하면 공장(工匠)은 관허등록에 의하여 6300여 명으로 제한되었으며, 이러한 제한이 일종의 특권으로 변하여 면허를 받지 않은 사람들은 물건 생산을 못 하게 하고, 공급권을 독점하는 등 독점조직을 계로 만들었던 것이다.

김한주(金漢周)의 ≪한국지(韓國誌)≫에 의하면 공장계(工匠契)의 상태는 다음과 같다.

'한국의 직공은 단독으로 종사하지 않고 조합을 조직하여 그 장을 두고 이에 특권을 줌을 상례로 한다. 도기(陶器)·목공관장(木工棺匠)·석공(石工)·엽사(獵師) 조합이 있어서, 그 장은 공동자금을 관리하고 각 직공이 바치는 세를 징수하여 정부에 상납하고, 직공구제 등의 일을 처리한다. 그리하여 이 조합의 특색은 호조(互助)와 연대책임에 관한 질서의 정돈과, 행정상으로부터 오는 박해의 방어에 관한 협동 일치에 있다.'

이런 상공분야의 특권단체로서의 계는 육의전(六矣廛) 이하 특허상인의 단체로서 공계(貢契)로 나타나기도 한다. 이들은 각기 출입하는 관청에 따라 호조공인(戶曹貢人) 등으로 불리었고, 취급하는 물품에 따라 죽공인(竹貢人)·탄공인(炭貢人) 등으로 불리었으며, 또 우피계(牛皮契)·차계(車契)·모물계(毛物契) 등이 있어, 관에 납부할 공물의 독점적 공급권을 얻어 이익을 얻기도 했다. 또한 특권층의 비밀결사를 위해 조직된 계도 있었으니, 선조 때 정여립(鄭汝立)이 조직한 대동계(大同契), 이몽학(李夢鶴)의 동갑계회(同甲契會) 등이 그 대표적인 것이다.

계원이 상호협동하여 금전과 노동을 출자하여, 생산·판매·구입·금융 등 산업적인 목적을 달성시키려는 산업단체의 계도 성행했다. 선계(船契)·어망계(漁網契) 등에서는 공동으로 기구를 구입하여 공동사용 및 처분을 하였으며, 보미계(補米契)·서책계(書冊契)·양우계(養牛契) 등에서는 공동으로 기금을 적립하여 필요에 따라 물품을 구입하기도 하였다. 또 송계(松契)·삼림계(森林契)·모전계(茅田契) 등에서는 공동노동으로 필요한 물자를 육성하였으며, 보계(洑契)·수리계(水利契) 등에서는 공동노동과 출자로 수리를 시설하였다.

이 밖에도 저축·금융·이자를 불리는 것을 목적으로 하는 저축계·식리계(殖利契)·취리계(取利契)·월수계

(月收契)·산통계(算筒契), 부업장려를 목적으로 한 가마니계·계란계 등이 있었다. 이러한 산업단체의 계는 결국 농업과 금융에 연관되어 그 목적과 수단을 지녔으며, 공동 적립금 운영의 방법으로는 토지구입 이외에도 스스로 대부에 의해 이자를 불리는 수단을 썼으므로, 개개의 자금은 비록 영세하였다고 해도 사금융면에서 실질적으로 큰 몫을 담당하였다.

순수한 상호부조를 목적으로 하는 계도 여럿 있었다. 관혼상제의 비용을 충당하기 위해서 조직된 관복계·혼인계·상포계·산반계(山飯契) 등이 있었고, 일종의 생명보험으로서의 기능을 한 연반계(聯盤契)·보안계(保安契)·노동계·동지계(同志契) 등은 계원 사망 후의 보조를 목적으로 하여 흥미롭다.

동문의 화목을 도모하기 위한 동의계(同義契)·종중계(宗中契), 동호(同好)간의 사교를 목적으로 하는 시사계(詩詞契)·화유계(花遊契)·갑계(甲契)·궁사계(弓射契), 생활개선을 목적으로 하는 체육계·금주계·단연계(斷煙契), 사은보사(師恩報謝)를 목적으로 하는 문인계(門人契)·사문계(師門契) 등이 있었다.

이러한 계 조직은 서민생활의 여러 방면으로 침투하여 튼튼한 공동적 활동의 기반으로 활용되었다. 한일합방 이후, 경제조직의 변동으로 인해 재래의 공인계(貢人契)·동계(洞契)·군포계(軍布契) 등은 사라졌으나 순수한 민간계는 오히려 더욱 파급된다.

조선총독부 통계에 의하면, 1926년에는 전국에 1만 9067개의 계와 81만 4138명이 이에 가입하였으며, 1937년에는 더욱 번창하여 2만 8643개의 계와 88만 2718명의 계원을 포용하고 있으니, 경제활동 인구의 태반이 이에 가입하고 있는 셈이다. 이러한 추세는 오늘날에도 더욱 활성화하고 있으니, 이것은 자연스런 사금융의 친목조직으로서, 계가 우리 체질에 걸맞는 역사성과 전통을 지녔기 때문일 것이다.

성 균 관

    조선왕조 최고의 학부인 성균관은 태조 7년(1398년)에 창설되었다. 이때 태조는 지금의 서울 종로구 명륜동 숭교방(崇敎坊)에 성균관의 건물을 준공하고 고려의 제도대로 유학을 강의하는 명륜당, 공자를 모신 문묘, 유생들이 거처하는 재(齋)를 두었다. 그 명칭은 고려 충선왕 때 성균관으로 개명한 데서 비롯되었는데, 공민왕 때는 한때 국자감이라 고쳐 부르다가 다시 성균관이라 복귀되었다. 태종은 국립대학으로서의 성균관에 땅[學田]과 노비를 지급하고, 친히 문묘에서 제사를 지내고 왕세자의 입학을 명령하니, 이후 이것은 상례가 되었으며 여러 왕을 거치는 동안 경기도 연해의 섬, 전라남도 지방의 어장과 많은 땅이 부수되었다. 정종 2년(1400년)에 문묘가 화재를 당했으나 7년 후에 복구되었고, 선조 25년(1592년) 임진왜란중에 또 불탔으나 9년 후에 대성전(大成殿), 또 그 5년 후에는 명륜당을 재건하고, 나머지 건물들도 차례로 복원되어 현재 성균관대학교 구내에 주요부가 남아 있다.

  학사(學舍)의 주건물인 명륜당은 사생(師生)들이 강학하던 장소이다. 뒤 언덕에는 소나무 숲이 울창하게 우거져 있어 벽송정(碧松亭)이라 불리었으며, 당내(堂內)에는 주자를 비롯한 여러 성현들의 교훈이 걸려 있어 유생들의 학문 탐구적인 생활 분위기를 더욱 돋우었다. 성균관 유생의 정원은 《경국대전》에는 200명으로 되어 있으나 《속대전》에 이르러서는 126명으로 감소되었다. 그 자격은 진사나 생원이어야 했으나 부족할 경우에는 사학(四學)의 생도 중에서 보충하였다. 뒤에 경비부족으로 영조 때에는 정원 120명, 조선왕조 말기에는 100명으로 줄이기도 했다.

  명륜당 뒤쪽에는 서적을 보관해 두던 존경각(尊經閣)이 있었다. 사예(司藝)·학정(學正) 각 1명이 이를 관리하였으며, 학생들이 여기서 책을 빌려 읽었다. 성종 6년에 세워 경사(經史)와 제자백가서(諸子百家書)가 수만 권이었으나, 정조 무렵에는 이미 책이 망실되어 서가가 거의 비어 있는 상태라 했다. 개교할 때부터 식당이 있어, 아침·저녁 식사 때를 알리는 북소리가 울리면 북적거리곤 하였다. 벽송정 동북쪽에 양현고(養賢庫)가 있었는데, 태학제생(太學諸生)에게 공급할 물품들을 저장해 두는 곳이다. 양현고는 이미 고려 초에 설치된 것으로 나라 재물의 절반이 이곳에 들어간다는 소문이 났을 정도였다.

오늘날 대학의 학칙이랄 수 있는 학령(學令)에는 성 균관 유생들의 생활모습이 엿보여 흥미롭다

매달 초하룻날에 제생(諸生)들은 묘정에 나가 알성사배례 (謁聖四拜禮)를 행한다. 매일 학관들은 일제히 명륜당에 나와 앉고, 유생들은 읍례를 행하기를 청한다. 북이 한 번 울리면 제생들이 차례로 들어가서 학관들에게 읍례를 한 다음, 각기 자기 재(齋) 앞으로 가서 마주 대하여 읍하고 재로 들어간다. 다음에 유생이 학관 앞에 나가서 일강(日講)을 청하면 상하재 (上下齋)에서 각각 1명씩 뽑아 읽고 책을 상대로 강(講)을 행 한다. 북이 두 번 울리면 제생은 읽고 있던 책을 가지고 각각 사장(師長)에게 나가, 먼저 앞에서 교수해 준 것을 논란변의 (論難辨疑)하고 난 다음에 새로운 부분을 교수받되, 많이 배우 는 것을 힘쓰지 않고 연정(研精)함을 요한다. 만약 책을 대하 여 졸거나 교수받는 데 유의하지 않는 자는 벌한다. 제생의 독 서는 먼저 의리를 밝히고 온갖 변화에 통달할 것이요, 장로불 경(莊老佛經)이나 잡류백가자서(雜類百家子書)를 끼고 다녀서 는 안 된다. 이를 위반하는 자는 벌한다. 성현을 숭상하여 논 하지 않고서 고담이론(高談異論)을 좋아하여, 성현을 비훼(誹 毁)하고 조정을 비방하거나, 또는 재뢰(財賂)를 상론(商論)하 고 주색을 담설(談說)하는 자는 벌한다. 오륜(五倫)의 죄를 범 하거나 또는 절행(節行)을 휴실하여 오명을 쓴 자는 제생이 통 의(通議)하여 북을 울려 성토한다. 심한 자는 예조에 보고하여 종신토록 학관에 참열(參列)하지 못하게 한다. 제생으로서, 재 주를 믿고 자교(自驕)하고 세력을 믿고 자귀(自貴)하며, 부 (富)를 믿고 자긍(自矜)하여 연소자로서 연장자를 능멸하고

아랫사람으로서 웃사람을 능멸하는 자나, 또는 호사를 숭상하여 복식(服飾)이 중인(衆人)과 다른 자나, 또는 교언영색(巧言令色)으로 남에게 환심을 사려고 힘쓰는 자는 쫓아내되 역학개행(力學改行)하면 다시 받아들인다. 제생으로서 주견 없이 남을 따라 진퇴하여 부질없이 국고만 허비, 수업하지 않고 제술(製述)하지 않으며 독서를 즐기지 않는 자와, 길을 갈 때 말을 타고 다니는 자는 아울러 통금(通禁)한다. 이를 어기는 자는 벌한다.

매월 초8일과 23일에는 제생이 집으로 돌아가 의복을 세탁함을 허락한다. 또 그날은 친속·고우나 만나볼 것이요, 일체 유희를 일삼아서는 안 된다. 이를 어기는 자는 벌한다.

이처럼 성균관의 24시간은 학문 연구와 인격 수양을 아울러 닦는 기숙사 생활이었다.

식당에 들어가기 전에 서로 마주 서서 읍하고 들어갔다. 제생들이 정렬해 앉으면 겨우 일조포(一條布)를 펼 정도의 공간이 남는다. 식반(食盤) 대신 마포(麻布)를 상좌에서부터 하좌로 편다. 그러므로 이것을 속칭 전포(典布)라고 불렀는데 어떤 일이 있어도 타고 넘지 못하게 되어 있었다. 만일 전포를 부득이 빠져나가야 할 경우에는 포를 가르게 한 다음에야 나갈 수가 있었다. 이 전포 위에 매인 분의 음식이 놓여졌는데, 정조 무렵의 메뉴를 보면 밥·국·간장·김치·나물·식혜·자반·생나물 등의 여덟 가지가 각 일기(一器)씩 놓여졌다.

성균관과 마찬가지로 서울의 동·서·남·중학(中學)

의 4학이 중앙정부에 직속해 있었고, 또 성균관의 하급
관학으로서 향교가 각 지방 관부(官府)의 관할 아래에
있었다. 사학과 향교는 모두 고려 때의 제도를 이어받
은 것으로 국가에서 재정 지원을 하였다. 사학이나 향
교 학생들의 연령은 15~16세 이상이었는데, 특히 사
학생도는 서울의 자제들이었던 만큼, 일반적으로 오만
하고 당돌하여 사학생도의 기강은 역대로 말썽을 빚어
왔다. 성균관의 경우처럼 매월 초8일과 23일에는 부모
님을 만나고 세탁을 하기 위한 휴가가 주어졌는데, 거
리를 다니다가 여자를 희롱하기도 하고, 떼를 지어 산
사(山寺)에 놀러가서는 사찰의 기물을 손괴하고, 승도
(僧徒)와 충돌을 일으키기 예사였다고 한다. 또 선생에
게 인사를 하지 않기가 예사이고, 언사(言辭)와 시장
(詩章)으로써 선생을 비방하고 모욕하여 문제가 된 일
도 있었다. 심지어는 선생이 들어와도 번듯이 드러누워
흘겨보기도 하고, 식당에는 무뢰한을 끌어들이고, 낭설
을 퍼뜨려 선생을 모함하기도 했다는 것이다.

　한편 사학(私學)인 향교생도들의 학력(學力)은 일반
적으로 한심할 정도였다. 우수한 청소년들은 정사류(精
舍類)의 사학(私學)으로 찾아가고, 게다가 서원들이 생
겨나 생원·진사를 비롯한 문리가 트인 지학(志學)의
청소년들을 받아들였으므로, 상대적으로 향교는 더욱
천시를 받게 되었다. 조선왕조 사학의 전형적인 유형인

서당에 대해서 살펴보기로 하자.

서당은 글방이라고도 불리어 오던 조선왕조의 가장 보편적인 교육기관이었다. 서당은 반드시 기본자산이나 인가를 요하는 것이 아니므로, 교육에 뜻을 가진 사람이면 누구든지 설립할 수가 있었다. 따라서 선비가 자기 자제들을 자기 집에서 가르치기도 하고, 집안이 부유한 사람이 선생을 모시고 이웃집 아이들을 함께 불러들여 무료로 가르치게도 했으며, 때로는 훈장 자신이 심심파적으로 교육에 뜻을 두어, 이웃사람이나 친지들의 청을 받아들여 서당을 경영하기도 하였다. 서당은 대체로 훈장·접장·학도로 구성되어 있었다. 학생들은 7,8세로부터 15,16세의 연령층이 가장 많았으나 20세 이상도 적지 않았다. 학생수도 3,4인 되는 작은 것에서부터 수십 명에 달하는 큰 것도 있었다. 큰 서당에는 훈장 한 사람이 많은 학생들을 일일이 가르칠 수가 없으므로, 학생들 가운데서 나이가 좀 들고 학력이 뛰어난 자를 접장으로 하여 그 아래 학급의 학생들을 가르치게 했다. 학생이 입학하는 날 훈장에게 나아갈 때는 흔히 술·닭 등의 예물을 갖추는 것이 하나의 관례였다.

학습방법은 생도들이 훈장 앞에 단정히 앉아 책대로 글자를 짚어 가며 단자의 훈음을 배우고, 다음에 훈장이 읽어 주는 대로 따라서 음독을 하고 토를 익힌다. 그러고서 훈장은 자구를 해석하여 뜻을 익혀 준다. 배운 부분은 그날로 숙독(熟讀)하여 다음날 동학(同學)들이 줄 지어 앉은 가운데 책을 덮거나 또는 등지고 앉은 채로 모두 암송할 수 있어야 새로운 단락을 배우게 된다. 이렇게 암송하지 못하면 목침 위에 올라 서서 회초리를 맞기도 했다. 글을 읽을 때는 서산(書算)을 옆에 놓고 그 편수(遍數)를 세어 가며 읽었는데, 하루 5~6차례에 걸쳐 보통 백 편을 읽었다 한다. 또 계절에 따라 학과를 조화시켜 가르치기도 했다. 여름철 더운 때에는 머리에 부담이 많이 가는 어려운 과목을 피하고, 흥취를 돋우는 고인의 시문을 낭송하거나 그것을 짓도록 했다. 반대로 겨울철에는 깊게 탐구해야 하는 경서류(經書類)에 주력했는데, '밤글'이라고 하여 밤늦게 자정이 넘도록 밤참을 먹어 가며 책을 읽는 운치도 있었다.

이러한 교육기관은 이미 고구려 때부터 있었다. 고구려 17대 소수림왕 2년(372년)에 최대 교육기관으로서 태학이 설치되었다. 고구려는 대륙과 인접해 있는 지리적 위치로 인하여 일찍부터 삼국 중에서 가장 먼저 대륙문화를 흡수할 수 있었다. 이러한 전통을 이어받아 고려시대에는 국자감을 거쳐 성균관으로 개편되어 조선왕조에까지 이어 온 것이다.

성균관의 관원으로는 지관사(知館事)를 총책임자로 두었으니 지금의 대학 총장에 해당한다. 그 밑에, 전임 관원으로 대사성(정3품) 1명과 사성(종3품) 1명, 사예

(정4품) 2명, 사업(종4품) 1명, 직강(정5품) 4명, 전적 (정6품) 13명, 박사(정7품) 3명 등을 두었다.

1894년 갑오경장 때까지 성균관은 우리나라 최고 교육기관으로서의 역할을 다해 왔다. 그후 일제 때에는 경학원(經學院)이라 불렀으며, 명륜당과 부속건물에 명륜전문학교를 세웠는데, 해방 후 성균관대학교라는 현대적 사학(私學)으로 계승되었다.

시 조

시조는 우리나라 고유의 정형시이다. 때의 곡조, 곧 시체(時體) 노래를 의미하는 우리 국문학사상 특이한 문학장르이다. 원래는 노래부르던 사설과 그에 짝한 곡조를 합쳐서 시조라고 했다. 사회의 엄격한 계층을 가릴 것 없이, 위로는 왕으로부터 밑으로는 일반 서민에 이르기까지 즐겨 짓고 즐겨 읊던 시가(詩歌)인 시조는, 근대 한국을 형성해 온 명실상부한 민족문학이라고 할 수 있다.

시조의 기원은 《청구영언》 《해동가요》 등 가집(歌集)에서 보는 바와 같이, 고구려 때 을파소(乙巴素)로부터 시작되었다는 설, 백제 성충(成忠)으로부터라는 설 등 구구하나, 고려 말엽에 그 형식이 완성되었다는 설이 가장 유력한데, 신라 향가에서 나와 고려 장가(長歌)가 분장(分章)되어 발생한 것이라고 보는 게 통설이다. 박성의 교수의 의견에 따르면, 시조의 발전 과정은 형성기·성장기·발흥기·난숙기·쇠퇴기 등 다섯 시기로 나누어 볼 수 있다.

형성기는 고려 중엽에서 말기에 해당한다. 그러나 이 시기에 해당하는 시조 작가로는 겨우 10여 명, 그 작품도 10여 수가 전해지고 있을 뿐이다. 당시에는 뜻을 자유자재로 표기할 만한 우리 문자가 없었으므로, 구전되어 오는 동안에 많은 작품들이 사라져 버렸을 것이다. 이 시기의 작품들을 살펴보면 다음과 같다.

> 한 손에 막대 들고 또 한 손에 가시 쥐어
> 늙는 길 가시로 막고 오는 백발 매로 치렸더니
> 백발이 저 먼저 알고 지름길로 오매라
>> (우탁(禹倬)이 인생의 늙어감을 실감나게 읊고 있다.)

> 이화(梨花)에 월백(月白)하고 은한(銀漢)이 삼경인제
> 일지춘심(一枝春心)을 자규(子規)야 알랴마는
> 다정도 병인 양하여 잠 못 들어 하노라
>> (이조년(李兆年)이·벼슬을 그만두고 고향에 물러나서 임금을 그리는 심정을 읊고 있다.)

> 구름이 무심(無心)탄 말이 아마도 허랑(虛浪)하다
> 중천에 떠 있어 임의로 다니면서
> 구태여 광명한 낯빛을 덮어 무삼하리오
>> (이존오(李存吾)가 간신들이 임금의 총명을 가리는 세태를 개탄한 것인 듯.)

> 녹이상제(綠耳霜蹄) 살지게 먹여 시냇물에 싯겨 타고
> 용천설악(龍泉雪鍔) 들게 갈아 어깨에 둘러메고

장부의 위국충절(爲國忠節)을 세워볼까 하노라
　　(최영 장군이 나라를 위하여 기개와 포부를 토로한 것이다.)

백설(白雪)이 잦아진 골에 구름이 머흐래라
반가운 매화는 어느 곳에 피었는고
석양에 홀로 서서 갈 곳 몰라 하노라
　　(고려 유신(遺臣)인 이색이 그의 서글픈 심경을 이렇게 읊었다.)

까마귀 싸우는 골에 백로야 가지 마라
성낸 까마귀 흰 빛을 새우나니
창파에 조히 씻은 몸을 더럽힐까 하노라
　　(포은 정몽주의 어머니는 까마귀와 백로에 비유하여 이렇게
　　훈계하고 있다.)

　시조의 성장기는 조선왕조 초기 100년 간이다. 구전
되던 시조가 이 시기에 한글이 창제되어 문자로 지을
수 있게 된 것이다. 이 시기의 작품을 살펴보자.

오백년 도읍지를 필마로 돌아드니
산천은 의구하되 인걸은 간 데 없네
어즈버 태평연월(太平烟月)이 꿈이런가 하노라
　　(야은 길재가 고려의 패망을 서글퍼하여 노래한 것이다.)

흥망이 유수하니 만월대도 추초(秋草)로다
오백년 왕업이 목적에 부쳤으니
석양에 지나는 객이 눈물겨워 하노라
　　(원천석(元天錫)의 고려시대에의 회고가. 구도(舊都)를 잊지

못하는 심회를 읊은 것이다.)

치천하(治天下) 오십 년에 부지(不知)왜라
천하사(天下事)를 억조창생(億兆蒼生)이 대기(戴己)를 원하
나니
강구(康衢)에 문동요(聞童謠)하니 태평인가 하노라
　　(변계량(卞季良)이 이조 창업을 노래한 송축가)

까마귀 눈비 맞아 희는 듯 검노매라
야광명월이야 밤인들 어두우랴
임 향한 일편단심이야 변할 줄이 있으랴
　　(사육신의 한 사람인 박팽년이 단종을 모시고자 한 단심을
　　노래한 것이다.)

이시렴 부디 갈다 아니 가든 못 할소냐
무단(無端)히 네 싫더냐 남의 말을 들었느냐
그려도 하 애닯고야 가는 뜻을 일러라
　　(성종이, 노모를 위하여 귀향하는 신하 유호인(兪好仁)을 애
　　모하여 부른 것이다.)

　시조 문학의 발흥기는 연산조에서 임진왜란 전까지의
약 100년 간이다. 이 시기는 대체로 조선왕조가 안정을
회복한 시기이므로 시조의 내용도 태평성대를 노래한
것이 많다. 연정의 노래를 읊은 황진이의 시조도 이때
에 속한다. 대표적 작품들을 꼽아 보자.

　풍상이 섞어 친 날에 갓피온 황국화를

금분(金盆)에 가득 담아 옥당에 보내오니
도화야 꽃인 체 마라 임의 뜻을 알괘라
　　　(명종이 하사한 국화에 붙인 즉흥시로, 시조 짓는 뛰어난 솜
　　　씨를 잘 엿볼 수 있다.)

이 몸 헐어 내어 냇물에 띄오고저
이 물이 울어예어 한강(漢江) 여울 되라 하면
그제야 임 그린 내 병이 헐한 법도 있나니

내 마음 버혀 내어 별 달을 만들고저
구만리 장천에 번듯이 걸려 있어
고운 님 계신 곳에 비치어나 보리라
　　　(이 두 수의 시조는 송강(松江) 정철이 임금을 그리워하는
　　　정을 읊은 것이다. 송강은 시조 작가로서보다는 오히려 가사
　　　작가로 더 유명하다.)

동짓달 기나긴 밤을 한 허리 도려 내어
춘풍 이불 아래 서리서리 넣었다가
어른님 오신 날 밤이어드란 구비구비 펴리라
　　　(명종 때 기녀(妓女) 황진이가 연정(戀情)을 노래한 것이다.
　　　그의 시조는 6수가 전한다.)

　　임진왜란 때부터 숙종 말까지 약 100년 동안은 시조
문학의 난숙기이다. 이 시기에는 특히 평민 계급들이
자각하여 일어나 평민 문학이 형성된다. 이 시기의 유
명 작가만 해도 70여 명에 달한다. 이 시기의 작품 몇
가지를 소개해 보자.

반중(盤中) 조홍(早紅) 감이 고와도 보이나다
유자 아니라도 품음직하다마는
품어 가 반길 이 없을 새 글로 설워하노라
>   (작가 박인로는 명종~광해군 때 사람으로 생애의 전반을 무
>   부(武夫)로, 후반을 유자(儒者)로 보냈다. 이 시조는 공이 4
>   1세 때 한음 이덕형이 보내 준 조홍 감을 보고 돌아가신 어
>   머니를 생각하여 지었다는 것이다.)

철령 높은 고개 쉬어 넘는 저 구름아
고신원루(孤臣怨淚)를 비 삼아 띄워다가
임 계신 구중심처(九重深處)에 뿌려 준들 어떠리
>   (벼슬이 영의정에까지 올랐던 백사 이항복이 광해군 10년에
>   정조(鄭造)·윤인(尹訒) 등의 폐비론에 반대하다 북청에 유
>   배를 당할 때 철령을 넘으면서 지은 것이다.)

청석령 지나가다 초하구(草河溝) 어디메오
호풍(胡風)도 차도 찰사 궂은 비는 무슨 일고
뉘라서 내 행색 그려다가 임 계신 데 드릴고
>   (봉림대군이 왕자의 귀중한 몸으로 인질이 되어 북천(北遷)할
>   때의 비통한 심경을 그린 것이다. 그는 뒤에 효종이 되었다.)

군산(羣山) 삭평(削平)턴들 동정호(洞庭湖) 너를랐다
계수(桂樹)를 베었던들 달이 더욱 밝을 것을
뜻 두고 이루지 못하니 늙기 설워하노라
>   (효종의 북벌 계획에 주동이 됐던 이완(李浣) 장군이, 효종
>   이 돌아가자 그 계획을 실천하지 못한 원한을 담은 것이다.)

쇠퇴기는 숙종 이후부터 구한말에 이르기까지의 근

200년 간이다. 영·정조시대 이후부터 시조는 점점 쇠
퇴해 가고, 이에 대신하여 창곡(唱曲)만이 점차 왕성해
졌다. 비교적 안온한 시기여서 취흥과 늙어감을 한탄하
는 내용, 허무와 운명적 체념을 노래하여 종장에 '어이
리, 하리오, 있으랴, 무삼하리오' 등의 구절이 나타난다.

성진(城津)에 밤이 깊고 대해(大海)에 물결 칠세
객점(客店) 고등(孤燈)에 고향이 천리로다
이제는 마천령 넘었으니 생각한들 어이리

(趙明履)

건곤(乾坤)이 유의(有意)하여 남아(男兒)를 내었더니
세월이 무정하여 이 몸이 늙었어라
공명이 재천하니 슳어 무삼하리오

(李鼎福)

이처럼 시조는, 각 시대 사회의 엄격했던 계층을 허
물고, 왕후장상으로부터 유명·무명 일반 백성이 모두
즐겨 짓고 읊었던 고유한 민족적 정형시 장르이다. 오
늘날 남겨진 시조는 평시조가 1000여. 이들은 개인 문
집의 부록으로 남아 오늘날 볼 수 있게 된 것이다. 김
구(金絿)·이현보·주세붕·권호문·장경세·이덕일·
김상용·박인로·윤선도 등의 유고로 전해지는 것이다.
또 영조 3년(1727년)에 편찬된 《청구영언》에는 수많
은 시조를 비롯하여 다른 우리말 노래를 엮어 넣었다.

이 책은 일개 포교(捕校)인 김천택이 엮은 것이다. 또 영조 39년(1763년)에 나온 ≪해동가요≫도 같은 경향으로 엮은 것이다.

앞서 예를 든 작품에서 본 것처럼 시조에는 인륜을 노래한 것, 은둔의 정신을 담은 것, 강호·산천·백로·송죽·탄로(歎老)·취흥·연군(戀君) 등 작가들의 모든 체험 세계가 적절히 펼쳐지고 있다. 형식은 흔히 초장과 중장의 3·4·3(4)·3(4), 그리고 종장 3·5·4·3으로 보고 있으나 이것은 자수를 세어 통계를 낸 것일 뿐, 반드시 자수가 정해져 있는 것은 아니다. 또 초장과 종장이 같고 중장이 약간 긴 사설로 되어 있는 사설시조가 있으나, 이것은 엄격히 따지면 시조와는 다른 별종의 시가라고 할 수 있다.

시조는 이처럼 겨레의 애환과 감정을 생생히 담고 있어 새로운 서구의 문학 장르가 밀려든 현대에 이르러서도 고유한 민족문학 장르로 다듬어지고 있다. 가람 이병기, 노산 이은상 등이 꾸준히 시조 복고운동을 벌여 그 속에 스민 민족얼을 크게 불러일으켰다.

선조들의 고고한 성품들이 알알이 밴 시조 속에서, 우리는 쩡하게 맑고 온화한 우리 강토의 기후며, 밝아 오는 아침의 청명한 대기, 은근과 끈기의 집념으로 그 속에서 살다 간 한국인의 정감을 심취할 수가 있는 것이다.

춘 추 관

　고려시대나 조선왕조시대의 국무회의에는 반드시 '춘추관'이라는 관청의 사관(史官)이 참석하여 회의 의제의 경과를 일일이 기록하곤 하였다. 사관이 매일매일 기록한 것은 빠짐없이 차곡차곡 보관했다가, 임금이 돌아간 뒤에야 그 임금의 일대기인 실록으로 꾸며지는 것이니, 공정을 보장하기 위한 제도적 장치였다.

　고려 초 시정(時政)의 기록을 맡아 보던 관청으로 처음 설치할 때는 '사관(史館)'이라 불렀다. 그후 1308년(충렬왕 34년)에 '문한서(文翰署)'라는 관청에 병합하여 '예문춘추관(藝文春秋館)'이라 고쳤고, 1325년(충숙왕 12년)에 예문·춘추관을 갈라서 춘추관으로 독립했다. 임금을 단위로 하여 역사를 기록해 가는 방법은 중국 남북조시대부터 시작한 것이다. 《당서(唐書)》 예문지(藝文志)에 의하면 양나라 사람 주흥사(周興嗣)가 편찬한 《양황제실록(梁皇帝實錄)》 2권이 최초의 실록이다. 그러나 중국에서도 이것이 제도화한 것은 당나라 때부터이며, 오늘날 남아 있는 것으로는 명실록(明實錄)

·청실록(淸實錄)이었다. 우리나라에서도 고려시대의 역사를 기록한 고려실록(高麗實錄)은 남아 있지 않다.

조선왕조에 들어와서는 1392년(태조 1년)에 고려의 제도를 본받아 '예문춘추관'으로 하고 논의(論議)·교명(敎命)·국사(國史) 등의 일을 맡아 보았다.

사관의 직책은 왕의 언행과 정사, 백관들의 잘잘못을 일일이 직필로 기록하여 후세 정치를 하는 데 거울로 삼게 하려는 데 있었다. 중국에서는 황제(黃帝) 때부터 천자의 좌우에 좌사와 우사를 설치하여, 좌사는 임금과 신하의 행동을 기록하고 우사는 말을 기록하였다고 한다. 주나라 때에는 좌사·우사 이외에 태사·소사·내사·외사 등을 두어 국내에서 일어나는 모든 사건을 기록하였으며, 지방의 제후국에도 사관을 설치하여 각각 그 나라의 역사를 기록하였다. 우리나라에서도 삼국시대부터 역사의 편찬에 따라 사관이 있었겠지만 명확한 기록은 찾아볼 수 없다. 고려시대에는 예문·춘추관을 두어 여기에서 문장에 능한 8인을 골라 뽑아 사관의 직책을 맡겼었다. 사관들은 각각 역사 기록의 초안인 사초(史草)를 두 벌 만들게 하여, 전직(轉職)할 때에 한 벌은 사관(史館)에, 나머지 한 벌은 자기 집에 보관하여 뒤에 참고가 되도록 하였으며, 서울과 지방의 각 관청에서도 그들이 하는 일을 낱낱이 사관에 보고하여 기록으로 남겨 두도록 하였다. 조선왕조의 예문관 봉교

(정7품)·대교(정8품)·검열(정9품) 등은 그 실무가
사관으로서 시정을 기록하는 직책을 맡아 보았다. 초기
에는 사관 1인만 입시하게 했으므로, 한 사람만으로는
견문한 바를 다 적을 수가 없어서 불편했다. 그러므로
세종 7년(1425년)에는 영춘추관사(領春秋館事) 이원
(李源) 등이 건의하여 사관 2인으로 좌우에 입시케 하
여 거기서 직접 말을 받아쓰게 했으며, 또 승정원 옆에
방을 주어서 사관들을 거처하게 하고, 지방에서 올라오
는 장계(狀啓)나 왕이 내리는 교서는 반드시 사관을 거
쳐 이를 초록(抄錄)하도록 한 뒤에야 육조(六曹)·대간
(臺諫)에 넘겨 주도록 하였다.

봉교(奉敎)·대교(待敎)·검열(檢閱) 등 사관의 직위
는 매우 낮았으나 청화(淸華)한 벼슬로서, 글 잘하면서
문벌이 좋은 사람이 아니면 안 되었다. 조선 초기부터
사관을 선임하는 법을 엄격하게 하여, 사관에 결원이
생기면 춘추관의 당상이 6품 이하의 문신 가운데서 경
서(經書)와 사기(史記) 및 문장을 시험하고, 또 문벌을
일일이 조사하여 흠이 없는 사람을 골라 뽑아서 임명했
다. 사관을 뽑을 때는 그 선발의 책임을 지는 이들이
단(壇)을 모아 향을 피우고, '만일 내가 적임자가 아닌
사람을 천거한다면 재앙을 받아도 좋다'고 천지에 선서
한 뒤에 선발했다고 한다. 사관 8명은 번갈아 왕명을
출납하는 승지와 함께 궁중에 숙직하고, 조회(朝會)·

조참(朝參)·경연(經筵) 등 항상 있는 행사는 물론, 중신회의와 기타 임금과 신하가 만나는 어떠한 중대회의에도 빼놓지 않고 참석하여 그 내용을 낱낱이 기록하였다. 조선왕조시대에 임금과 신하가 만날 때에는 비록 정승이라 할지라도 단독으로 임금과 만나는 이른바 독대(獨對)라는 것은 금지되었다. 임금을 알현할 때에는 반드시 승지와 사관의 입회하에 만나도록 되었는데, 만일 단독으로 만나게 되면 사사로운 일을 말하거나 남을 중상모략할 염려가 있으므로 제도적으로 그 예방책을 마련한 것이다. 이러한 규칙을 위반하여 사형을 당한 예도 있다. 경종 때 노론(老論) 4대신(大臣)의 한 사람이었던 이신명(李頤命)은, 승지와 사관을 대동하지 아니하고 비밀히 왕과 만난 것이 문제화되어 끝내 사형을 당했으며, 이 사건이 신임사화의 발단이 되어 정권이 노론에서 소론으로 넘어간 것이다.

이처럼 사관은 어떠한 중대회의에도 다 참석하고 어떠한 비밀문서든지 다 보아서 사초을 기록하고 시정기(時政記)를 작성했다. 사초는 자연 일종의 속기로서 평상시 난필로 적은 것을, 실록을 편찬할 때 정서하여 춘추관에 바치도록 되어 있다. 시정기는 춘추관의 숙직 사관이 날마다 일어나는 사실을 기록하는 것으로서, 한 달에 한 책씩 작성하는 것이 보통이나, 기사가 많을 때에는 두 책 이상으로 엮어 춘추관에 보관하였다. 이러한 사관의 사초와 춘추관의 시정기는 모든 일을 사실대로 적어 거짓이 없는 기록이다. 임금의 권한이 절대적이었던 시대에 악한 임금은 악한 대로, 간사한 사람은 간사한 대로 기록한 것이니, 사관이 이러한 임무를 제대로 수행할 수 있게 하기 위하여, 모든 기록은 극비에 붙여 사관 이외에는 절대권을 가진 임금까지도 볼 수가 없었다. ≪태조실록≫에 의하면, 태조가 그에 관한 시정기(時政記)를 보려 하였으나, 대신과 사관 등 여러 신하들의 반대로 끝내 보지 못하였다고 한다. 또 ≪연산군일기≫에 의하면, 연산군이 무오사화를 일으킬 때, 문제가 된 김일손(金馹孫)의 사초를 보려 했으나, 여러 대신들의 반대로 김일손의 사초 자체는 보지 못하고, 다만 문제 되는 부분만을 초해 내서 보았다는 것이다. 악명 높은 폭군으로 알려졌던 연산군까지도, 사관의 공정 임무에 대해서는 이처럼 제약을 받아야 했던 것이니 실로 놀라운 일이다. 만일 임금이 사초를 마음대로 보면 필화사건이 빈번하게 발생하게 되어 역사의 기록이 불가능하기 때문이었다. 시정기와 사초에 기록한 사실을 누설한 사람이 있으면 중죄에 처하는 법을 마련하여, 사관은 마음 놓고 소신껏 당대의 역사를 직필할 수 있었던 것이다.

실록을 편찬할 때는 춘추관 안에 실록청(實錄廳) 또는 찬수청(纂修廳)을 임시로 설치하고, 영의정 또는 좌

의정을 총재관(摠裁官)으로 하여, 대제학과 기타 글 잘
하는 사람을 선발하여 당상랑청(堂上郎廳)에 임명하고,
도청(都廳)과 1방·2방·3방 내지 6방으로 나누어서
일을 맡았다. 1방·2방·3방 등 각 방은 편찬자료를 수
집하여 제1차 원고인 초초(初草)를 작성하는 것이 그
임무다. 이때 사관의 사초는 가장 중요한 자료가 된다.
실록을 편찬할 때는 먼저 공고를 내어, 그 임금 시대의
승지·주서(注書) 등 수찬관(修撰官) 이하의 춘추관직
을 겸하였던 모든 사관에 대하여 사초를 납입하게 했으
며, 이 임무를 제대로 수행하지 않는 사람에게는 엄격한
벌칙을 가하였다. 태종 9년 8월 ≪태조실록≫을 편찬할
때에, 사초 납입의 기한을 서울 거주자는 10월 15일,
지방에 있는 사람은 11월 1일까지로 정했으나, 바치지
않는 사람이 많아 이듬해 1월 11일에 다시 그 기한을 8
월 말일까지 연장하고, 이 기한내에 바치지 않는 사람은
자손을 금고(禁錮)하고 벌로 은 20냥을 받기로 하였다.
이처럼 사초를 내지 않은 사람에게 벌금을 받고 그 자손
을 관리에 등용하지 않은 것은 고려 때부터 시행되던 법
으로서, 후세의 실록을 편찬할 때에도 엄격히 지켜 온
것이다. 세종 때부터는 지방 거주자에 한하여 거리에 따
라 납입 기한을 달리하였다. 경기·충청·황해·강원도
는 서울보다 한 달 늦게, 경상·전라·함경·평안도는
이보다 한 달 더 늦추었다.

각 방의 당상(堂上)과 낭청(郎廳)은 이와 같은 과정을 밟아 사관의 사초와 기타 모든 자료를 수집한 다음, 날마다 실록청에 나와 연월일 순의 편년체(編年體)로 실록의 초고인 초초를 작성하여 도청(都廳)에 넘긴다. 이를 넘겨 받은 도청에서는 낭청이 우선 초초를 교열하여, 잘못된 것은 수정하고 빠진 것은 보충하며 불필요한 부분은 잘라 내어, 2차 원고인 중초(中草)를 작성한다. 중초는 실록청의 최고 책임자인 총재관과 도청 당상(堂上)이 교열, 문장과 체제를 통일하여 비로소 최종 실록인 정초(正草)를 만들어 내는 것이다. 정초가 정서되면 곧 인쇄에 붙여 사고(史庫)에 봉안하고 초초·중초·정초와 그 자료로 사용했던 춘추관 시정기와 사초는 조선시대의 종이공장인 자하문 밖 조지서(造紙署) 차일암(遮日巖) 개천에서 세초(洗草)하여 없애 버렸다. 이는 기밀의 누설을 방지하는 동시에 종이를 재생하기 위함이었다.

사고(史庫)는 조선왕조 초기까지는 서울의 춘추관을 비롯하여, 고려시대부터 실록을 보관하던 충주사고(忠州史庫)가 있었다. 태조·정종·태종의 3대 실록을 각각 2부씩 등사하여 한 부씩 나누어 보관한 것이다. 그러나 병란을 당한다든지 각종 재난에 대비하여 세종 27년(1445년)에는 2부를 더 등사하여 새로 설치한 전주와 성주사고에 추가로 보관했다. ≪세종실록≫부터는 활자를 사용하여 인쇄했으며, 춘추관·충주·전주·성주 4사고에 3년마다 사관을 파견하여, 젖거나 축축한 것을 바람에 쐬고 햇볕에 말리는 등 보관에 만전을 기했다. 이처럼 같은 실록을 전국에 산발시켜 나누어 보관한 덕으로, 임진왜란 때 서울 춘추관을 비롯한 충주·성주의 실록은 모두 타버렸으나 전주사고의 실록만이 남아 후세에 생생한 역사를 전할 수 있게 된 것은 얼마나 다행한 일인가? 그나마 전주사고의 실록이 보존될 수 있었던 것은 이곳의 선비 안의(安義)·손홍록 등이 알뜰한 노력을 쏟은 결과였다. 이들은 임진년 6월에 왜적이 금산에 침입했다는 말을 듣고, 사재를 털어가면서까지 13대에 걸친(태조~명종) 실록 804권과 사고 안에 있는 모든 서적을 정읍의 내장산으로 운반해 가서, 이듬해 7월에 조정에 넘겨 줄 때까지 꼬박 1년 2개월 동안을 두 사람이 번갈아 가며 지켜 온 것이다. 조정은 즉시 이 실록들을 해주로 옮기고, 다시 불안하여 강화도로, 또 그곳에서 묘향산으로 옮겼다가 왜란이 끝난 뒤에 재정난으로 모든 물자가 궁핍함에도 불구하고, 실록 출판사업을 벌인 것이다. 재판된 실록 1부는 종전처럼 서울의 춘추관에 보관하고, 다른 4부는 강화도 마니산, 경북 봉화의 태백산, 평북 영변의 묘향산, 강원도 평창의 오대산 등, 병란을 피할 수 있는 전국의 산간벽지에 분산해서 보관하였다. 춘추관·태백산·묘향산에는 신인본(新印本), 마니산에는 전주실록(全州實錄), 오대산에는 교정본을 보관하였다.

그 이후 이상의 5사고는 어찌 되었는가? 서울의 춘추관실록은 인조 2년(1624년) 이괄의 난이 일어났을 때 모두 타버렸으며, 묘향산실록은 인조 11년(1633년) 후금과의 관계가 심상치 않은 낌새를 알아차리고 전북 무주 적상산사고(赤裳山史庫)로 이전하였으며, 마니산실록은 그 3년 후 병자호란이 일어났을 때 청군에 짓밟혀 없어진 책도 많고 책장이 떨어져 나간 것도 많았다. 이것은 그후 현종 때에 파손된 부분을 완전히 보완하였으나 춘추관의 것은 영구히 사라져 버렸다. 마니산 것은 숙종 4년(1678년)에 강화도 안의 정족산(鼎足山)에 사고를 설치하고 그곳으로 옮겼다. 인조 이후의 실록은 4부를 인쇄하여 정족산·태백산·적상산·오대산사고에 각각 1부씩 보관하였는데, 이것들은 조선왕조 말까지 고스란히 보관되었다.

1910년 일제가 우리나라의 주권을 빼앗은 후, 정족산실록과 태백산실록은 왕실도서관인 규장각도서와 함께 조선총독부로 이관되었으며, 적상산의 것은 창덕궁 장서각에 보관하고, 오대산실록은 동경제국대학으로 가져갔다. 동경제대로 가져갔던 오대산본은 그후 관동대지진 때 거의 타버리고 나머지 일부가 현재 서울대 도서관에 와 있다. 총독부에 이관되었던 정족산본과 태백산본은 1929년에 옮겨져 경성제대 도서관에 보관되었다.

한편, 창덕궁 장서각에 있던 적상산본은 해방 이듬해 도난사건이 발생하여 낙질(落帙)이 생겼으며, 이것은 그후 1·4 후퇴 때 부산으로 옮겨져서 부산 화재 때 없어진 것으로 보여진다. 그러므로 현재까지 남아 있는 것은 서울대학교 중앙도서관에 보관되어 있는 정족산본과 태백산본뿐이다.

이처럼 춘추관이라는 관청이 공정한 기록을 모토로 역사를 기술해 옴으로써 한국사의 실상을 후세에 전달하고 있는 것이다. 하지만 이 기록은 주로 왕을 중심으로 한 것이므로 왕조사(王朝史)의 테두리를 벗어날 수 없었다.

따라서 이에 대한 다각적인 사료들을 수집·비교하여 현대사와 연결되는 민중사(民衆史)를 엮어 내는 것이 앞으로 사가들의 과제라고 하겠다.

경국대전

　조선왕조 정치의 기틀이 된 법전인 《경국대전》은, 7대 세조의 명으로 시작하여 30년이나 걸려 성종 16년에 완성했다. 세조 때 최항(崔恒)·노사신(盧思愼) 등에게 명하여 1460년(세조 6년)에 호전(戶典)을, 이듬해에 형전(刑典)을, 1469년(예종 1년)에 나머지 4전(典)을 만들었고, 다시 1470년 성종 1년부터 개정·교정을 거쳐 1485년(성종 16년)에 완성하였다.

　조선왕조 초에 국정 전분야에 걸친 교지(敎旨)·조례를 모은 법전으로는 《경제육전》이 있었으나 그후 정치기구의 발전·복잡화·정비에 따라 부족한 점이 생기게 되어 태종 때 《속육전》이 나왔다. 이후 또다시 관제(官制)·전제(田制)·세제(稅制)·병제(兵制) 등이 개혁되어, 그때까지 나왔던 법전은 불편한데다 서로 모순까지 생기게 되어, 여러 법을 정리 개찬하여 만세성법(萬世成法)을 이루고자 하였다. 그리하여 오랫동안 애쓰면서 난산을 거듭한 끝에, 조선왕조 500년을 관류하는 영세불변의 대전이 된 것이다. 《예종실록》에는 《

경국대전≫의 편찬 동기와 생활을 이렇게 밝히고 있다.

'세조는 우리나라 법제가 번거롭고 복잡하므로 육전(六典)을 개정한 것이며, 고금의 헌장을 참고·연구하여 세절(細節)을 빼고 강령을 남겨 간략하게 만든 것이다. 세조 56년에 겨우 형(刑)·호(戶) 2전(典)만 완성을 보았을 뿐이었고, 지금 겨우 6전 전부의 편찬을 끝냈다. 그중 형·호 2전은 대개가 세조의 어제(御製)이다.'

《경국대전》은 각 전을 1권으로 엮어 6권으로 구성되어 있다. 이 책 속에는 각종 정치제도가 수록되어 있어 조선왕조 연구에 빼놓을 수 없는 귀중한 문헌이다. 그 내용을 옮겨 보자.

'이전(吏典)에는 각종 행정 조직·관제 등을 규정하고 있다. 조선왕조 관제의 특색은 관위(官位)와 관직이 구별되어 있고, 크게 중앙관부의 관원인 경관(京官)과 지방관부의 관원인 외관(外官)으로 나누었으며, 변방인 평안도·함경도에도 따로 토관직(土官職)을 두었다. 모든 관리는 모두 남자가 임명되는 것이 원칙이었으나 궁중에는 내명부(內命婦)라 하여 따로 여관제(女官制)를 둔 것도 흥미롭고, 또 정1품부터 종9품에 이르는 관리의 부인들은 따로 외명부(外命婦)라 하여, 특유한 명칭의 관위를 자동적으로 수여한 것도 흥미롭다. 왕실에는 왕·왕비·여관(女官), 왕의 친족과 왕의 외척이 소속되며, 왕실의 사무(事務)와 국무(國務)와의 한계는 명확하게 구별되지 않고 애매했다. 최고의 중앙관부로는 영의정·좌우의정·좌우찬성 등으로 구성된 의정부(議政府)가 있었으나, 이 기관은 왕에게 직속하여 왕의 정책·정무의 자문기관으로서의 기능을 담당한 데 불과했고, 사실상의 실권은 육조가 맡아 일반 정무를 처리했다. 지방 관서는 경기·충청·경상·전라·황해·강원·평안·함경의 8도와 4부(四府), 4대도호부(四大都護府), 20목(牧)·82군, 175현으로 짜여져 있었고, 한성부와 개성부는 지금의 서울특별시나 부산직할시처럼 따로 독립되어 중앙관부의 하나로 편입되어 있었다.

관리의 임명은 우선 과거시험에 합격하고 3품 이상의 관리 3인에 의해 천거를 받아야 했다. 그리고 관직에는 일정한 임기가 있었으며, 임기가 끝나면 다른 관직으로 옮겨 가게 되어 있었다. 4품 이상 관리 임명의 사령서는 왕지(王旨)에 의해 발급했고, 5품 이하의 임명장은 이조(吏曹)가 발급했으며, 관기(官紀)를 지키기 위하여 근친자가 동일한 관부(官府) 또는 상호관계에 있는 관부에 근무하는 것은 금지되었다. 또 관리의 근무 성적을 조사 보고하는 고과제(考課制)가 있어 정기적으로 보고해야 했으며, 그 보고 내용에 따라 승진 또는 파직시켰다. 관리들의 근무시간은 오전 5~7시(묘시)에 출근하고, 오후 5~7시(유시)에 퇴근했다. 유고자에게는 휴가를 주었는데 3년에 한 차례 부모를 찾아보고, 5년에 한 번 성묘하는 정기 휴가도 실시했다.

3년마다 한 번씩 호적 조사를 하여 변동에 따라 고치게 하고, 5호를 묶어 1통으로, 5통을 묶어 1리(里)로 했다.

토지는 주인이 없고 국가 공유로 되어 법규로 금지된 장소를 제외하고는 누구든지 개간할 수 있었고, 또 개간한 자가 사용하여 수익할 수 있었다. 하지만 토지 가옥의 매매, 소유권의 이전과 변동은 허용되었다.

관리의 임용 관문인 과거시험은 문과·무과 및 잡과로 크게 나누었다. 문과시험에는 대과·소과가 있으며, 잡과시험에는 역과·의과·음양과·율과가 있었다. 문과의 대과는 동당시(東堂試)라고도 하며, 3년마다 1회씩 하는 정기시험과, 중국이나 우리나라에 경사가 있거나 왕의 특명, 기타 특별한 사유로 인하여 실시하는 임시시험이 있었다. 과거시험을 보는 해에 문과시는 초시(初試)·복시(覆試)·전시(殿試) 3단계로 나누어 실시했다. 일종의 예비시험인 초시·복시의 시험과목은 제술(製述)과 강서(講書)이며, 초시는 이조(吏曹), 복시는 예조(禮曹), 전시(殿試)는 성균관에서 주관했다. 초시는 식년(式年:과거시험을 보기로 정한 해)의 전년 가을 성균관과 한성부 및 각 도에서 시행하고, 합격자는 이듬해 봄에 소집하여 서울에서 시행하는 복시를 치르게 된다. 전시는 최종 과거시험으로 복시 합격자를 궁궐 전정(殿庭)에 모아 왕이 친히 문제를 골라내며, 이 시험에 합격한 자를 문과 급제라 한다. 최종 합격자수는 33명이다.

외교 정책은 중국을 사대(事大)라고 하여 일본 등 다른 나라와의 국교와 구별하였다. 중국 사신이 입국할 때는 원접사(遠接使)·선위사(宣慰使)를 보내어 마중하고, 서울에서는 모화관에 영접하여 왕세자 이하 백관이 배례하고 향연을 베풀었다. 일본과 유구(琉球) 국왕의 사신은 선위사를 동래(東萊)에 보내어 영송하였다.

혼인에 대해서는 연령의 제한이 있었고, 사대부의 재혼은 처가 죽고 나서 3년이 지나거나 40세를 넘어도 자식이 없는 경우에 한하여 허가되었다.

조선왕조의 교육기관은 중앙에 종학(宗學)·성균관(成均館)·사학(四學)이, 지방에는 보통 교육기관으로 향교가 있었다.

사학(私學)의 발달은 고려시대에 비해 미약했던 셈이다. 이 밖에 특수 교육기관으로는 관상감(觀象監)에서 음양학(陰陽學)을, 전의감(全醫監)에서 의학을, 사역원(司譯院)에서 한학(漢學)·왜학(倭學)·여진학(女眞學)·몽고학 등을 강습하였다. 병역(兵役)은 정년에 달한 자는 누구든지 복무해야 하는 국민개병제(國民皆兵制)였다. 병역에 복무할 수 있는 자는 6년마다 한 번씩 군적부(軍籍簿)에 등록해야 하며, 병조는 그 총수를 파악하여 왕께 알려야 했다. 군에 복역하지 않는 자는 군역세인 미포(米布)를 납부해야 했다. 또 병조 주관으로 30리에 하나씩 역(驛)을 설치하고, 역에는 역관을 두고 역마(驛馬)와 역전(驛田)을 지급하는 등 교통 행정을 맡았다. 적군의 침략 등 변방의 위급한 소식을 알리는 봉화제도가 있었다. 평상시에는 한 번, 적이 나타나면 두 번, 국경에 가까이 오면 세 번, 국경에 도달하면 네 번, 접전이 개시되면 다섯 번 올렸다. 궁성 문은 초저녁에 닫고 해뜰 때 열며, 도성 문은 오후 10시에 닫고 새벽 4시에 열었다.

형사소송에는 검찰기관과 재판기관이 동일하며 피고인이 있을 뿐이고 변호인은 물론 없었다. 또 형벌이 피고인에게만 제한되지 아니하고, 특정한 범죄에 한하여 그의 부친에까지 미치는 연좌(緣坐)와, 관원의 범죄에 있어 동직 관리로서 연대책임을 지거나 임명 추천자로서 연대책임을 지는 연좌제도가 있었다. 또 사대부가 가벼운 범죄를 저질렀을 때 그 집의 노복을 대신 가두는 경우가 있었고, 범죄자가 도망갈 경우에는 그 가족을 대신 가두기도 했다. 지방에서도 십악(十惡), 살인사건, 도망하는 노비를 잡아 관에 바친 사건 등, 기타 풍속에 관계되는 타인의 권리침해 사건을 제외하고는, 모든 사건의 재판을 추분(秋分)에 시작하여 춘분(春分)에 정지하도록 하여 농번기를 피했다. 서울에서는 연중 재판이 계속 되었으나 당사자가 지방에 있는 자는 귀농(歸農)의 편의를 보아 주었다. 형의 집행은 24기절일(氣節日)과 비가 내리거나 흐린 날에는 금지되었다. 모든 형사재판은 사죄(死罪)에 대한 큰 사건은 30일, 도류죄(徒流罪)에 관한 중사(中事)는 20일, 태장죄(笞杖罪)는 10일내에 끝내야 한다.

　각 지방에는 옻나무·뽕나무 등과 과목을 조사하여 대장에 올려 그 생산을 장려했으며, 철광에는 야장(冶場)을 두고 농한기에 제련하여 상납케 하였다. 도량형은 공조에서 표준기를 제작하여 각 도에 1건씩 보내, 관찰사가 각 읍에서 사용하는 도량형을 이에 맞추어 검사하여 낙인을 찍어 주었다.

　이처럼 《경국대전》 속에는 조선왕조의 정치제도와 행정 원칙이 속속들이 담겨져 있다. 이 속에는 우리 고유의 법률사상이 담겨져 있어, 우리 실정에 알맞는 '법의 정치(Rule of Law)'를 창출하기 위한 법제사(法制史)의 연구에도 절실한 문헌이다.

훈민정음

　500여 년 전 세종대왕이 훈민정음이라는 우리 글을 제정하면서, 우리 문화를 떳떳이 기록하고 전할 수 있는 문화혁명의 시기로 접어들었다. ≪월인석보(月印釋譜)≫ 1권 책머리에 '훈민정음은 백성을 가르치는 정(正)한 소리'라고 설명하고 있다. 조선왕조 이전에는 삼국시대부터 이두(吏讀)와 구결(口訣)을 써왔다. 구결은 본래 한문의 구절구절을 떼는 데 쓰기 위한 보조적 편법에 지나지 않았다. 이두도 한자의 음과 훈을 따내어 자연스럽지 못하게 우리말을 표기해 온 것이다.

　말을 자유자재로 글로 표현할 수 없는 불편한 생활에서 헤어나기 위해서는 배우기 쉽고 쓰기 편한 글자가 절실히 필요했던 것이다. 여말(麗末)의 혼란기를 넘어서서 조선왕조의 국기(國基)를 다진 후 안정기로 접어들었을 때, 세종대왕은 새로운 글자를 만들기로 결심하였다. 훈민정음 창제의 취지에 관해서는 1443년(세종 25년)에 대왕이 손수 저술한 훈민정음 예의편(例義篇)에 잘 나타나 있다.

첫째, 국어는 중국말과 다르므로 한자를 가지고는 잘 표기할 수 없으며 둘째, 우리의 고유한 글자가 없어서 문자 생활에 불편이 매우 심하고, 셋째, 이런 뜻에서 새로 글자를 만들었으니 일상생활에 편하게 쓰라는 것이다.

세종은 집현전 학자 정인지·성삼문·박팽년·최항·신숙주·이개 등의 도움을 받았다. 집현전의 신진 소장파 학자들은 최만리 등 당시 원로층에 속하는 수구파와는 달리, 비교적 정치권 외에서 집현전 본래의 사명에 충실할 수 있었다. 그러나 최만리 등의 수구파 문신들은 세종 26년 2월에 훈민정음 제정에 정면으로 반기를 들었다. 그들의 명분은 유교입국의 국시에 비추어, 훈민정음의 보급이 유교의 보급을 막지 않겠느냐는 것이었다. 그것은 척불론(斥佛論)과 상통하는 유교 지상주의였다. 이와 같은 시대사조를 등에 업은 거센 반발을 물리치고, 세종은 훈민정음을 펴내고 말았다. 끝내는 최만리 등을 의금부에 명해 처벌까지 했다.

대왕은 또 《용비어천가》를 지어 훈민정음을 시험하고 이를 널리 써서 여러 책을 짓게 했다. 세조 때에는 불경의 번역이 더욱 왕성해져 이 책들은 오늘날까지 남아 있으며, 국어국문의 역사적 연구에 귀중한 자료가 되고 있다.

훈민정음은 그때의 다른 글자—범자(梵字)·몽고·만주·일본 글자보다 월등하게 뛰어난 것이었다. 글자의 운용이 묘하여 거의 표현되지 않는 소리가 없고, 글자의 됨됨이가 간이요(簡而要)하여 웬만한 사람이면 하루 아침에 깨칠 수 있었다.

정인지는 훈민정음의 끝 부분에서,

'無所用而不備 無所往而不達 雖風聲鶴唳 鷄鳴狗吠 皆可得而書矣'라고 격찬했다.

찬 바람 소리, 학 우는 소리, 닭이 울고 개 짖는 소리를 모두 표기할 수 있다고 경탄한 것이다.

성현(成俔)은 ≪용재총화(慵齋叢話)≫에서 '우리나라와 다른 나라의 소리도 모두 표기, 통하게 되었다'고 했고, 이수광도 ≪지봉유설(芝峰類說)≫에서 '언문이 나와서 모든 나라 소리가 통하지 않음이 없게 되었으니, 성인이 아니고서는 해낼 수가 없는 것이다'라고 했다.

유희도 ≪언문지(諺文誌)≫에서 한자와 비교했다. '한자는 육의(六義)로 만들어져, 그 꼴이 산란해서 만상(萬象)을 추리할 수 없으나, 언문은 초·중·종 3성이 정연히 나열되어 짜임이 정연하다'고 풀이했다.

훈민정음은 처음 자음 17자와 모음 11자의 28자였다. 세조 때까지 자음 전부를 받침으로 사용했고, 중종 때부터 'ㄱㄴㄷㄹㅁㅂㅅㅇ'만을 사용했다. 그후 세종 이후에 ㆆ이 사라졌고, 선조 때에 △ㆁ(?) 글자가 없어졌으며, 나중까지 쓰이던 ·자조차 현대에 와서 정리되어 지금 쓰이는 글자는 모두 24자뿐이다.

연산군 때는 훈민정음의 수난기였다. 1504년 갑자사화 때엔 한글을 사용하는 사람을 밀고했고 개인 소장의 한글 서적을 불태우기도 했다. 훈민정음은 그후 시대에 따라 여러 가지 명칭으로 불렸다. 언문·정음·반절(反切)·국문·한글 등등이다. 언문이란 명칭은 초기에 한문자에 대해 우리 글자를 총칭한 것이었으며, 언해·언서·언자나 암클·중글 등은 모두 우리글을 천시한 사대주의의 산물이다.

최세진의 ≪훈몽자회≫에 나오는 반절이란 것은 원래 중국에서 한자의 음을 표시하기 위해 쓰던 것으로, 중국의 것과 구별하기 위하여 언문반절이라고 했다. 갑오경장 이후 한때 국문이라고 불리다가 주시경이 처음 한글이라고 불렀다. 최현배 씨의 설에 의하면 한글의 '한'은 한나라〔韓國〕·한겨레〔韓族〕의 한이요, 큰·하나·바른의 뜻이다.

1897년(광무 1년) 이봉운의 ≪국문정리≫가 나왔고, 1905년 지석영이 ≪신정국문(新訂國文)≫을 공포, 1907년 학부에 국문연구소가 설치됐으며, 1909년 최초의 문법서인 유길준의 ≪대한문전(大韓文典)≫이 나왔다. 3·1 운동 이후 신문학의 발전과 더불어 국어학이 성립됐다. 주시경의 후계자를 중심으로 조선어학회(한글학회)가 창립되어 기관지 〈한글〉을 발간했고, 맞춤법의 통일, 표준말의 사정(査定), 사전의 편찬 등 사업이 진

행됐다. 당시 국어 연구자들은 훈민정음 반포 480주년
인 1926년 10월 9일에 '가갸날'을 제정, 기념했다. 이
듬해에 기관지 〈한글〉이 창간되면서 그 이름이 '한글날'
로 바뀐 것이다.

　일제 말 군국식민정책이 강화되자, 우리말과 한글의
사용을 못 하게 했고, 1942년 10월 이른바 조선어학회
사건을 조작하여 많은 한글학자들이 옥고를 치르기도
했다. 처음에는 정태진을 함흥학생사건의 증인으로 불
러가더니, 이윤재·최현배·이희승·정인승·이병기·
이인·이은상 등을 검거했다. 홍원으로 끌려간 이들은
경찰서 유치장에서 온갖 고문과 악형을 받았고, 치안유
지법 위반죄라는 이름으로 기소됐다. 마침내 어학회는
해산됐고, 사전 원고는 증거물로 홍원과 함흥으로 굴러
다니다 그 태반을 잃게 됐다.

　1945년. 8·15 해방과 함께 한글도 해방됐다. 그러
나 광복 직후 좌우의 사상다툼으로 학계는 정상궤도에
오르지 못했고, 일부 완고한 학자들의 고집은 문법 술
어의 혼란을 가져왔으며, 한글 전용법 등으로 말썽을
빚어 왔다. 6·25 동란 이후 신진 학자들의 출현과 함
께 국어학계도 어느 정도 정비되어 국어국문학회가 창
립되었고, 한글학회는 1947년부터 시작한 큰사전 6권
을 10년 만인 1956년에 모두 간행했다. 그러다가 한글
간소화 파동을 만났다. 1953년 4월 27일 각 부 장관·

처장·도지사에게 구식 맞춤법으로 돌이키라는 '국무총리 훈령 제8호'가 내려지자, 언론계·교육계·학계·한글학회 등에서 즉각 반대하고 나섰다.

이듬해 3월 29일, 이승만 대통령은 '맞춤법은 이제부터 석달 안에 구식 성경 철자법대로 고치라'는 담화를 발표, 더욱 맹렬한 반대를 가져왔다. 이 파동은 결국 1955년 9월 이승만 대통령의 한글 간소화 취소 담화로 매듭지어졌다.

한글의 현대적 가치는 각 민족의 모든 글자가 특권계급의 글자에서 차차 보편화된 데 비해, 처음부터 일반민중을 위해 만들어진 글자라는 점에 있다. 한글의 우수성을 말하는 사람은 첫째로 표음문자임을 자랑한다. 세계 문자의 발달 과정을 보면, 표음문자의 발달이 앞서 있다. 중국의 한자는 수만 개의 글자로 되어 있어 배우기 어렵다. 둘째는 한글 제작의 기교가 아주 교묘하다는 것이다. 초성 17자 중 잇소리의 대표는 ㄱ인데, 이는 소리낼 때의 혀 모양을 그린 것이다. 혓소리의 대표는 ㄴ인데 역시 혀 모양을 그렸다. 입술소리의 ㅁ은 입술모양을, ㅅ은 목구멍을 그린 것이다. 한글의 우수성의 셋째 이유는 그 순서에 있다.

배열 순서는 중종 때 정해졌는데, 최세진의 ≪훈몽자회≫ 초성·종성으로 쓰일 수 있는 ㄱㄴㄷㄹㅁㅂㅅ 등은 먼저 배열했고, 종성에만 쓰이는 ㅈㅊㅋㅌㅍㅎ은 뒤로 했다.

그러나 한글은 아직 몇 가지 해결해야 할 문제점을 지니고 있다. 한글 전용에 나타나는 문제점, 풀어 쓰기의 문제, 간소화 문제 등이 그것이다. 500여 년 전 훈민정음을 만들 때의 정신으로 되돌아가, 중지(衆智)에 의해 이런 문제들이 해결될 때 한글은 더욱 빛날 수 있을 것이다.

측 우 기

　　조선왕조 세종 때 우리나라는 이미 세계 최초로 측우기를 사용하여 우량 분포를 측정하였다. ≪세종실록(世宗實錄)≫에 의하면 1442년(세종 24년) 5월에 측우기를 사용하였는데, 서양에서는 이탈리아의 가스텔리(B. Gasetelli)가 1639년에 측우기를 처음 사용하였으므로 이보다 약 200년이나 앞선 셈이다.

　　세종 때는 이미 측우에 관한 제도를 설정하였으니 중앙에는 서운관(書雲觀:뒤에 관상감으로 바뀜)에 쇠로 만든 측우기를 설치하여 관원으로 하여금 우량의 깊고 얕음을 주척(周尺)으로 측량하게 하고, 지방에는 같은 모양의 기구와 주척을 보내어서 각 관아의 뜰에도 측우기를 설치, 수령이 몸소 우량을 측정 기록하게 하였다. 측우기는 처음에는 쇠로 만들었으나 뒤에 구리로 만들기도 하였으며, 지방의 것은 같은 모양으로 자기(磁器)나 와기(瓦器)로 대용하게도 하였으며, 또 주척도 대나무로 만들어 쓰게도 했다.

　　우리나라가 세계 최초로 측우기를 발명하는 등 과학

적 우량 측정에 관심을 보인 것은, 자연조건이 농업경
작에 미치는 막중한 영향력을 일찍부터 간파하여 이를
극복시키고자 한 노력의 소산이었을 것이다. 동남아 몬
순계절풍의 영향권내에 들어 있는 한반도는 특히 농작
물이 성장하는 여름철이면 우기에 접어들어, 그해의 농
사가 풍년인지 흉년인지는 전적으로 이때의 강우량의
정도에 달린 것이었다. 따라서 우리 나라는 일찍부터
하늘에 관심을 크게 쏟아, 천문·기상 관측에 힘써 왔
다. 신라시대부터 각종 천문대가 세워졌으며 첨성대는
당시의 유물로서 오늘날까지 남아 있다. 또 고려시대에
도 이미 천문·기상 관측기관인 서운관(書雲觀) 제도가
확립되었으며, 이러한 전통들이 조선왕조에 이어진 것
이었다.

　이리하여 조선왕조 초기에 이르러서는 거의 근대적인
관상기관이 제도화하게 된 것이니, 땅 속에 스며든 빗
물의 깊이를 측정하여 각 도 감사(監司)가 집계하고,
이를 호조(戶曹)에 보고하면 호조에서는 이 수치들을
모두 집계하여 기록해 두는 방법을 택하였다. 오늘날
중앙관상대가 전국 각지에 흩어져 있는 측후소의 각종
관찰자료를 집계 종합하여 기상관측을 하는 것과 별로
다르지 않은 체제를 마련했던 것이다. 하지만 이때의
우량 측정방법은, 땅이 말라 있을 때와 젖어 있을 때에
따라 빗물이 스며드는 길이에 큰 차이가 생기는 데다,

세종 23년(1441년)을 전후하여 한발과 큰 비가 엇갈리게 되어, 정확한 과학적인 우량 측정방법을 고안한 것으로 보여진다. ≪세종실록≫은 측우기가 발명될 때의 상황을 이렇게 적고 있다.

'호조에서 계(啓)하기를, 각 도 감사로부터 강우량에 대한 보고에서 이미 시행되고 있는 법이 있으나, 땅이 말라 있을 때와 젖어 있을 때에 따라서 땅 속에 스며드는 빗물의 깊이가 같지 않아 그것을 알기 어려우니, 서운관(書雲觀)에 청하여 대(臺)를 만들고, 깊이 2척, 지름 8촌의 철기(鐵器)를 주조하여 대 위에 놓고, 빗물을 받아 본관원에게 그 깊이를 재어 이문(以聞)케 하고, 또 마전교(馬前僑) 서쪽 수중(水中)에 얇은 돌을 놓고, 그 위 두 석주(石柱) 사이에 촌·분의 눈금을 새긴 목주(木柱)를 끼워 철사로 묶어 세워, 본조(本曹) 낭청(郎廳)에게 빗물의 깊이를 재어서 분수(分數)를 이문케 하고, 또 한강변(漢江邊)의 암석 위에 척·촌·분을 새길 표(標)를 세워 도승(渡丞)이 물의 깊이를 재어 본조(本曹)에 알려 이문하고, 또한 외방(外方) 각 관에서는 경중(京中) 주기(鑄器)의 보기에 따라 자기(磁器)나 와기(瓦器)를 써서 객사정(客舍庭)에 놓아 두고, 수령이 수심을 재서 가사에게 보고케 하여 감사가 전문하도록 하소서 하니, 그에 따랐다.'

이때 만들어진 측우기의 구조는 깊이 41.2cm, 직경 16.5cm의 원통모양을 한 것이다. 또한 하천의 물결을 측정하기 위하여 서울의 중심을 꿰뚫어 흐르는 청계천 마전교 서쪽과 한강변 암석에 양수표(量水標)를 설치하여 수표라고 불렀다. 그후 청계천의 것은 '수표교'라고 불리었는데, 모두 화강암으로 되었다.

돌기둥에는 '경진지평(庚辰地平)'이라는 수준을 새겨 물의 깊이를 재었다고 하며, 영조 때에는 물이 불어나는 상황을 한성판윤에게 알려 홍수에 대비했다고 한다. '수표'라는 이름은 《동국여지승람(東國輿地勝覽)》에 수중주석표(水中主石標)라고 한 데서 따온 것인데, 서울 종로에 있던 것이 1958년의 청계천 복개공사로 현재는 장충단 공원으로 옮겨 보존되어 있다.

이처럼 강우량의 측정은 임진왜란이 일어날 때까지는 주로 우기인 봄·여름철 농경기에 행해진 것으로 보여진다. 그러나 세종 때 만들어진 측우기는 두 차례에 걸친 전란으로 거의 다 파손, 유실되어 영조 때에 이르러서는 세종 때의 측우기를 다시 복원하였다. 이 측우기의 크기와 모양을 그대로 본뜬 것으로 창덕궁과 경희궁·8도·양도(兩都)에 모두 제작, 설치하여 우량을 측정하게 하였다.

현존하는 측우기 가운데 가장 오래된 것은 현재 영국 국립박물관에 소장되어 있다. 이것은 1770년(영조 46년)에 만들어진 것으로 또한 세계 최고(最古)의 측우기로 평가되고 있다. 또 정조 6년(1782년) 6~7월경에는 계속되는 한발대책에 골몰하여 측우기를 제작, 창덕궁 금문원(擒文院) 앞마당에 설치하고, 비가 내리기를 빌고 기다렸다고 한다. 현재 인천측후소에는 역시 기우(祈雨)를 목적으로 제작한, 순조 11년(1811년) 신미 2월의 연대가 새겨진 측우기가 보관되어 있고, 공주박물관에는 헌종 3년(1837년)에 제작된 측우기가 소장돼 있다.

또 71년 6월에는 일본인이 갖고 간 조선시대 측우기 원기(原器)가 56년 만에 되돌아와 국립박물관에서 인수하여 전시하였다. 직경 21cm, 높이 45cm, 무게 4.2kg의 이 측우기는 1837년 헌종 3년에 만들어진 청동제다. 이 측우기는 충남 공주 관찰 도청에 소장되었던 것인데, 1915년 조선총독부 인천측후소장 와다[和田雄治] 박사가 가져갔다가 제2차세계대전 후 일본 진열장에 보관되어 온 것이다. 이 측우기를 돌려받게 된 것은, 지난 69년 12월 필리핀 마닐라에서 열린 태풍위원회에 참석했던 우리나라 중앙관상대장 양인기(楊寅祺)박사가 일본 기상청에 들렀다가 이를 발견, 그 반환을 요구했고, 일본측에서 이를 돌려줄 것을 약속함에 따른 것이다.

정 감 록

　조선왕조 중엽 이후 민간 서민층에 널리 어필된 국가 운명과 생민존망에 관한 예언서로서의 ≪정감록≫은 한 국민의 의식구조의 일부로서 커다란 작용을 해왔음을 부인할 수 없다.

　그 정체는 조선왕조의 선조인 이심(李沁)이란 사람이 이씨의 대흥자(代興者)가 될 정씨의 조상인 정감(鄭鑑)이란 사람으로부터 들은 이야기를 기록한 책이라고 하나, 역시 전설에 불과할 뿐이고 고증할 길은 없다.

　대충 이씨 이후의 조선왕조의 흥망성쇠를 예언하고 있는데, 이씨의 한양 몇백 년 다음에는 정씨의 계룡산 몇백 년, 그 다음에는 범(范)씨의 완산(完山) 몇백 년 및 왕씨의 어디 몇백 년으로 계승될 것이라는 것, 그 중간 어느 때 무슨 재난과 어떠한 화변(禍變)이 일어나 세태 민심이 어떻게 바뀌리라는 식으로 서술하고 있다.

　오늘날 세간에서 접할 수 있는 ≪정감록≫은 이심 · 정감의 문답 외에 도선(道詵) · 무학(無學) · 토정(土亭) · 격암(格庵) 등의 예언서에서 뽑아낸 것을 포함하고 있다.

우리나라의 풍수도참설은 신라 말 고려 초의 도선이라는 전설적 인물에서 유래하며, 고려의 국사를 요약한 태조 왕건의 훈요십조(訓要十條)에도 도선의 풍수지리설을 따를 것을 강조할 정도로, 그 이후의 왕조정치와 밀착되어 왔다. 고려 정종 때 묘청이 서경천도를 주장함에 있어서도 개경은 이미 지세가 쇠하여 풍수에 좋은 서경으로 옮겨야 한다는 명분으로 이용하였으며, 조선 왕조 건국 과정에서도 무학대사가 풍수도참설을 원용하여 이성계의 역성혁명(易姓革命)을 정당화하였다는 것이다.

'한 왕조가 일어나고 망한다는, 소위 역성혁명의 전환기에 있어서는 물론이요, 기타 내우외환으로 시국이 불안한 때에도 이런 유의 사상은 반드시 머리를 들고 활보하게 된다. 그리하여 더욱 정치 개혁운동, 민중 갱생운동의 지도자 자신이 이를 이용 혹은 조작하여 자기 편에 유리하도록 민중을 기만하고 구사하여, 민중은 이에 맹신 복종하여 얼마나 많은 성패득실의 자취를 역사상에 남겨 놓았는지 모른다.'(이병도 저 ≪고려시대의 연구≫)

1785년(정조 9년) 홍복영(洪福榮)의 옥사(獄事)에서 언급된 있는 것이 문헌상으로는 ≪정감록≫에 관한 가장 오래된 기록이나, 조선왕조가 정씨의 혁명을 만나게 된다는 운명설은 훨씬 거슬러 선조대 이전부터 있었다. 1589년(선조 22년) 정여립(鄭汝立)의 역모사건도 이러한 배경이 표면화되어 작용한 것이며, 그뒤 광해군·인조 이후의 모든 혁명운동에는 거의 빠짐없이 정씨와 계룡산의 ≪정감록≫ 내용이 표출되었으며, 미래 국토의 희망적 표상이 되었다.

이러한 희망적인 미래관은 연산군 이래 국정의 문란과 임진·병자의 양란, 사화·당쟁의 틈바구니에서 실의와 낙망에 찌든 민중에게 희망을 불어넣어 주기 위한 구세의식에서 싹튼 것이 아닌가 보여진다.

김수산(金水山) 편 ≪정감록≫의 감결(鑑訣) 번역과 세정조(細井肇) 편저 ≪정감록≫의 감결 일역문(日譯文)에서 그 내용을 옮겨 보자.

정(鄭)이 말하기를,
'곤륜산으로부터 온 맥이 백두산에 이르고 원기가 평양에 이르렀으나, 평양은 이미 천년의 운수가 지나고 송악으로 옮겨져서 500년 도읍할 땅이 되나, 요망한 중과 궁녀가 난을 꾸미고 땅 기운이 쇠하고 하늘 운수가 비색하여지면 운수는 한양으로 옮길 터이다.'
그 대강은 이러하다.
'전쟁은 평정되지 않고 충신은 죽었으니 건곤(乾坤)이 긴 밤중이로다. 교룡(蛟龍)이 남쪽으로 건넜는데 사람은 어디로 갔는고? 모름지기 백우(白牛)로 좇아 종역(從域)으로 달아나니라.' 하였다.

심(沈)은 말하기를,

'내맥(來脈)의 운수가 금강산으로 옮기어 태백산·소백산에 이르러, 산천의 기운을 뭉치어 계룡산으로 들어갔으니 정씨의 800년 도읍할 땅이요, 원맥은 가야산으로 들어갔으니 조씨의 천년 도읍할 땅이요, 전주는 범씨의 600년 도읍할 땅이요, 송악에 되돌아와서 왕씨가 다시 일어날 땅인데, 나머지는 자세하지 않아서 논의할 수 없다.' 하였다.

정이 말하기를,

'네 도둑이 들어와 도둑질하나 두 번 반드시 중흥할 것이요, 관악산이 안산(安山)이니 왕궁이 세 번 화재를 당할 것이요, 단우(丹宇)에 불꽃이 일어날 것이요, 위에서는 근심하고 아래에서는 흔들릴 것이요, 아전이 태수를 죽일 것이요, 삼강오륜이 없어질 것이다.' 하였다.

심이 말하기를,

'우리 세 사람이 서로 대하였으니 무슨 말을 못 하겠는가? 신년(申年) 봄 3월, 성세(盛歲) 가을 8월에 인천·부평 사이에 밤에 배 천 척이 닿고, 안성·죽산 사이에 쌓인 송장이 산과 같고, 여주·광주 사이에 사람의 그림자가 영영 끊어지고, 수성·당성 사이에 흐르는 피가 내를 이루고, 한강 남쪽 백 리에 닭과 개의 소리가 없고 사람의 그림자가 아예 끊어질 것이다.' 하였다.

정이 말하기를,

'이것을 장차 어찌할 것인가?' 하니

심이 말하기를,

'몸을 보존할 땅이 열 군데가 있으니, 첫째는 풍기·예천·화개요, 둘째는 안동·화곡이요, 셋째는 개령·용궁이요, 넷째는 가야요, 다섯째는 단춘(丹春)이요, 여섯째는 공주·정산(定

山)·마곡이요, 일곱째는 진천·목천이요, 여덟째는 봉화(奉化)요, 아홉째는 운봉·두류산이니, 이것은 영구히 살 만한 땅이어서 어진 정승과 훌륭한 장수가 계속하여 날 것이요, 열째는 태백이니라.'

심은 또 말하기를,

'곡식 종자를 양백(兩白)에 구할 것이니, 이 열 곳은 병화가 들어오지 않고 흉년이 들지 않고, 백의적(白衣賊)을 만나면 혼인을 하여 형제처럼 되어서 다정하게 이야기하며 즐겁게 지낼 것이다. 영가(永嘉) 사이에 화한 기운이 성하다 하였으니 영가가 곧 이 산신이다. 대·소백 금강산 서쪽과 오대산 북쪽은 열두 해 동안 적의 소굴이 될 것이요, 아홉 해 수재(水災)와 열두 해 병란이 있을 것이니 어떤 사람이 피하겠는가? 10승지(勝地)에 들어가는 사람은 그때를 보아서 살 것이다.' 하였다.

정은 말하기를,

'뒷사람들이 만일 지각이 있으면 먼저 10승지에 들어갈 것이니, 가난한 사람은 살고 부자는 죽을 것이다.' 하였다.

연(淵)이 말하기를,

'어째서 그런가?'

정이 말하기를,

'부자는 돈과 재산이 많으니 섶을 지고 불로 들어가는 것 같고, 가난한 사람은 일정한 산업이 없으니 어디를 간들 가난하고 천하게 살지 못하랴? 그러나 조금이라도 지각이 있는 사람은 시기를 맞추어 행하여야 한다.' 하였다.

심이 말하기를,

'황해·평안 양도의 땅은 3년 동안 천리 지경에 사람의 연기가 없을 것이요, 또 동쪽 산골 강원도 지방을 대단히 꺼린다.' 하였다.

정이 말하기를,

'만일 말세에 이르면 아전이 수령을 죽이되 조금도 기탄이 없고 위와 아래의 분별이 없어지고 강상(綱常)의 변이 잇따라 일어나서 필경은 임금은 어리고 나라는 위태하여 흔들릴 즈음에, 대대로 국록을 먹은 신하는 죽음이 있을 뿐이다.' 하였다.

또 말하기를,

'말세의 재앙을 내가 자세히 말하겠다. 아홉 해 동안 큰 흉년에 백성들이 나무 껍질을 먹고 살 것이요, 4년 동안 인명의 반은 염병에 걸릴 것이요, 사대부의 집은 이것을 탐함으로써 망할 것이다.' 하였다.

심이 말하기를,

'계룡산에 개국하면 변씨(卞氏) 정승과 배씨 장수가 일등 개국공신이 될 것이고, 방성(房姓)과 우가(牛哥)가 수족같이 될 것이요, 태백・소백 사이에 죽은 양반들이 복고할 것이니, 후세 사람으로 조금이라도 지각이 있는 자는 자손을 태백・소백 사이에 깊이 간직하여 두면 좋을 것이다.' 하였다.

이처럼 《정감록》이 담고 있는 내용은 현대인이 보기에는 터무니없이 허무맹랑한 것이지만, 거듭되는 외침과 누적되는 관리의 횡포・부정부패에 시달려 온 조선왕조의 일반 서민층에게는 욕구불만을 해소할 수 있는 대망의 예언서 구실을 한 것이다.

풍수지리설을 빗대어서 조선왕조의 절대성을 부인하였으니, 왕과 그 측근의 관료가 생살여탈권을 쥔 당시 전제 봉건시대의 상황으로는 파격적인 사고방식이라고 할 수 있다. 이처럼 ≪정감록≫은 지배계급에 저항한 서민층의 반골의식을 이끌어 왔다고 할 수 있다.

1589년 정여립의 난 때에도 ≪정감록≫을 이용하여 전주에서 '대동계'라고 하는 반정부 결사를 조직, 역모를 꾀했다고 전해진다.

또 순조 11년(1811년) 홍경래(洪景來)의 난 때도 그 격문에는 ≪정감록≫유의 내용이 담겼었다. 즉 성인이 선천의 홍의도(紅衣島)에 강탄하여 청(淸) 치하를 벗어난 황명(皇明)의 세신 유손(世臣遺遜)을 다스리고 있었다고 말하고, 마침내 철기 10만을 거느리고 한반도를 정복하려 하니, 우선 관서의 호걸로 하여금 제세구민(濟世救民)의 의군을 일으키게 했다고 선포하여 민심을 사로잡은 것이다.

민심이 천심이라고 하는 인내천(人乃天)의 사상을 표방했던 동학에서도 그 밑바닥에는 정감록적인 사고가 잠재해 있는 것이다. 동학의 궁을(弓乙) 신앙이라든지 그 성서 ≪동경대전≫ 등의 운수관 등이 모두 이에 해당한다.

현대에 이르러서도 국회의원 입후보자가 사주팔자를 보러 간다든지, 치세에 하늘을 원망하는 따위가 그 근원을 캐고 보면 오랫동안 한국인의 의식구조를 지배해 온 정감록적 사고의 발로라고 할 수 있을 것이다.

≪정감록≫의 내용이 허무맹랑하다고 해도, 암담한

현실 속에서 이씨가 물러가도 정씨가 있고, 조씨·범씨
·왕씨도 있어서, 우리 민족은 꺼지지 않고 영원히 생
동할 수 있다는 희망의 내세관을 제시하여, 삶에의 신
념을 북돋워 준 공로는 평가할 만한 것이다.

오페라 심청

뮌헨올림픽 개막(1972년)을 기념하는, 윤이상(尹伊桑) 작곡의 〈오페라 심청〉 공연이 8월 1일 밤 뮌헨 오페라하우스(국립극장)에서 첫 공연되어 대성황을 거두었다. 세계적인 음악가, 음악평론가 등 2200여 명의 청중들은 공연이 끝나자 이례적으로 박수를 보내 작곡가 윤씨와 오케스트라 지휘자 자발리 씨는 30분 동안이나 무대 인사를 하지 않을 수 없을 정도로 열렬한 반응을 불러일으켰다는 것이다. 30분 동안이나 환호에 답했으나 청중들은 자리를 뜨지 않고 계속 환호와 박수를 보냈다고 한다. 파천황적(破天荒的)인 대성황이다. 대본을 쓴 하랄트 쿤츠 씨는, '심청이 인당수(印塘水)에 빠진 것은 인류의 구원을 위한 것이다.' 라고 말하고, 도전적인 현대사상에 주의를 환기시켰다고 말했다. 작곡자 윤씨는, '나의 예술은 내 나라 선조들의 얼이 뿌리박힌 한국에 바탕을 두고 있으며, 세계 민족이 융합할 음악세계를 개척하는 데 있다.'고 말했다.

그는 또, 〈오페라 심청〉의 공연 목적은 서구의 퇴폐

적인 문명사회에 한국적인 도교사상을 주입시킴으로써 물질문명에 대한 반성을 촉구하고 새 윤리, 새 가치관을 정립하는 데 있다.'는 것이다. (1972년 8월 3일자 《조선일보》 참조)

한국의 고전설화 《심청전》이 범세계적으로 역사적 각광을 받게 된 것이다. 《심청전》은 본래 《춘향전》과 더불어 한국 서민문학의 쌍벽을 이뤄 온 고전이다. 작가와 연대 미상의, 효행(孝行)을 주제로 한 조선왕조 때의 소설이다. 그 줄거리는 인도와 일본 등지에서 예로부터 전해 내려오는 설화와 비슷한 우리나라의 설화를 바탕으로 하고 있으므로, 《심청전》은 그런 내용을 담은 판소리로 전해 오다가, 고대소설 제작 붐을 타고 마침내 소설화한 것으로 보여진다. 따라서 작자도 어느 특정인이 아니고 민중의 입으로 구전되어 오면서 점차 구체적으로 다듬어진 것이 아닐까?

우리에게는 《춘향전》과 함께 애독되고 창곡·연극 등으로 너무도 널리 알려진 작품이다.

그 줄거리는, 황해도 황주군 도화동에 사는 봉사 심학규의 무남독녀 청이, 아버지의 눈을 뜨게 하기 위하여 공양미 3백 석에 몸을 팔아 인당수에 뛰어들었으나, 신의 도움으로 소생하여 왕후가 되고 나중에는 아버지의 눈도 뜨게 된다는 유불사상이 뒤얽힌 스토리다.

이번에 공연된 '오페라 심청전'은 2막 4장으로 되어

있다.

1. 선녀(仙女) 심청
2. 심청, 인당수에 빠지다
3. 용궁
4. 연꽃과 남자
5. 피날레—심봉사 눈을 뜨고 천국에 가다

등의 순서로 펼쳐지고 있다.

무대장치로는 한국 고유의 장구와 징·방울 등 80가지의 도구가 사용되었다.

대중적 풍속적인 것이 아니라 심오한 동양사상과 그것이 음악화하여 풍기는 신비스러운 기법에 대해 보낸 찬탄과 경이로써 서구사회에 커다란 주의를 환기시킨 것이다. '오페라 심청'은 두 가지 면에서 한국의 이미지를 서구사회에 이식시킨 것이다. 우선 한국의 전설, 한국의 고전작품이 서구 문화인들에게 가장 관심이 컸던 올림픽 문화행사의 개막 작품으로 소개되었다는 것이다.

또 이러한 한국의 고전작품을 가장 현대적인 음악기법에 한국적인 음악요소를 가미시켰다는 점인데, 그것도 한국인에 의해 음악화되었다는 점이다.

작곡가 윤이상 씨는 71년 독일로 귀화하기는 했지만 그는 엄연한 한국인이다. 그의 주요 작품으로는 〈오페라 심청〉 외에도 실내합주를 위한 〈낙양춘〉(1962년), 〈장자(莊子)〉를 다룬 오페라 〈류퉁의 꿈〉과 현악곡 〈예

악(禮樂)〉(1966년), 3막짜리 오페라 〈나비의 꿈〉(196
8년) 등이 손꼽히며, 동양적 정신세계를 상징적으로 표
현한 것이 작품의 특징이다.

잘즈만이 쓴 ≪20세기 음악≫에서는 유럽의 시리얼
리즘(작곡 기법)을 자기 음악에 응용한 사람이 윤씨라
고 하고 있다. 윤이상 씨의 음악은 동양적 색채감이 강
한 관현악법에 역점을 두고, 전체적인 분위기 형성에
주력하고 있는 것이다.

윤이상 음악이 유럽에서 각광을 받는 이유는,

첫째, 소재가 동양적이고 윤씨 이전에 유럽에서 동양
적인 소재로 작곡한 동양인이 일찍이 없었다는 점.

둘째, 그의 음악이 코스모폴리탄적 성격을 갖고 있어
민족을 달리한 공감 계층을 발견할 수 있다는 점.

셋째, 현대음악 가운데서도 특히 오페라 분야가 심한
매너리즘에 빠져 있었는데, 동양을 배경으로 한 오페라
를 내놓음으로써 교착상태에 머무르고 있는 오패라에
돌파구를 마련했다는 점에 있다.(작곡가 박재열 씨 평)

이러한 음악적 요소와 함께 한국의 의상과 풍속이 서
양인들에게 신비스럽게 표현되어, 한국의 전통과 아름
다움을 예술적으로 전달할 수 있었다는 점도 〈오페라
심청〉의 커다란 성과라 할 것이다. ≪문학사상≫(72년
10월호)에 소개한 〈오페라 심청〉 원본 중 그 클라이맥
스 부분을 옮겨 보면 다음과 같다.

제 3 장

옥좌가 있는 알현실. 축제실 같은 즐거운 서극(序劇).
황제와 궁중 옷을 입은 심청이 옥좌의 층계를 밟는다.

황 제 당신 아버지가 오오.

심 청 내게 재회의 선물을 주셨으니 어떻게 감사하면 되지요?

황 제 당신 스스로 고마운 거요.
  (신호에 따라 조신들(Spilchor)이 등장한다. 황제의 암시에 따라 황제
  뒤에 약간 떨어져 나온다.)

조신들 고귀한 어른 축복받을지어다! 심청을 여왕으로까지 승화
    시킨 그이의 어진 마음 찬양받을지어다!

황 제 그를 들게 하여라!
  (두 조신이 심씨를 안으로 안내해 들어온다. 심씨에게 급히 뛰어가려
  는 청을 황제가 붙든다. 황제는 옥좌에 앉아 있다. 조신들이 심씨 주
  위에 반원을 이룬다.)

황 제 이 사람이 양반 심씬가?

조관 I 마을 사람들이 그리 불렀사옵니다. 우리는 의심쩍어했습
    니다. 미친 사람 같습니다.

조관 II 하명하셨사옵기 궁전으로 초대하는 까닭을 말하지 않았
    습니다.

황 제 대단히 힘들게 찾아낸 손님, 당신의 인생을 얘기해 보오!
    우리가 기다리는 사람인가 알고 싶어서라오.

심 씨 (머뭇거린다. 분명치 않게) 저를 낯설게 관찰하는 눈총을
    느낍니다. 시험인가요? 말들이 없군요. 그러면 제가 말하겠
    읍니다. 예, 제 죄를 알고 있습니다. 벌을 받겠습니다.

조신들 (그의 죄와 벌에 대해서 말한다.)

심 씨 나는 귀한 가문 출신의 양반 심가(哥). 학문은 모두 연구

했다오. 쓸데없이 학문의 본질은 내 본질을 무디게 했소. 내 감정을 좁혔소. 현혹당하여 나는 눈이 멀게 되었소.

조신들 현혹당하여 눈이 멀고 지식 때문에 눈이 멀어요?

심 씨 죽은 지식 때문에 생명의 눈이 먼다오. 내 옆에 있는 사랑스러운 아내를 보지 못했다오. 나만을 보았을 뿐 아내가 죽으면서 남긴 아기를 보지 못했다오. 내 고뇌만 보았소. 이러한 나! 옛날 부처님이 나를 위험에서 구해 주었다오. 과분한 짓을 했소. 간청했다오. 낫게 해달라고요! 나는 나를 위하여 사랑하는 어린 딸이 생명을 바치는 걸 놔두었다오.

황 제 그 딸 이름은?

심 씨 (귀엣말로) 심청이오.

　　　　(조신들 웅성댄다. 심청은 손으로 얼굴을 가린다.)

　　　　인당수의 신부로 심청은 바다에서 죽었소. 내가 그리 한 짓이오. 사형이 나에 대한 판결이오.

황 제 그대 자신을 알도다. 심청을 알아보아라! (심씨 놀라워하면서 일어선다. 당황한다. 좀처럼 반응이 없다.)

심 청 (머리 장식에서 연꽃 하나를 뗀다. 마법을 쓰는 거동으로 그 꽃을 심씨의 눈 위로 가지고 간다.) 아버지! 자식을 보십시오!

심 씨 청아! 청아! 아, 보인다. 네가 보이는구나. (심청을 얼싸안는다.)

　　(심청은 심씨를 무대 옆쪽으로 천천히 모신다. 황제가 옥좌에 앉아 있는 곳이다. 그 동안 뒤쪽에서 '기적'이라고 외치는 소리가 들려온다. 메아리쳐 돌아간다. 조신들과 민중들은 여전히 숨을 죽이고 신비스러워한다.) 기적이다! 봉사가 본다! 기적이다!

　　(사방에서 민중이 무대 위로 온다. 그 중에는 수많은 병자·소경·불구자·불쌍한 사람들이 끼여 있다. 심청은 어느 조신에게 그 연꽃을

준다. 연꽃을 돌린다. 이 기적의 꽃으로 병자들은 병이 낫는다. 효험
이 여러 배다. 경탄과 기쁨의 반응, 모여드는 사람들로 무대 가운데가
서서히 찬다.)

심 청 (옥좌에서) 아버지!

(군중은 진정하고 다음 장면을 지켜본다. 황제의 결혼식의 공적인 증
인이 되는 것이다.)

　　여기 서 계신 분이 나를 아내로 선택했습니다. 내가 갈 인
　　생의 길은 아직 멉니다. 우리를 축복해 주세요!

황 제 우리를 축복해 주오!

심 씨 구원을 받은 나는 너희에게(포옹하는 몸짓으로 많은 사람
　　을 안 듯한다.) 축복을 보낸다.

(황제와 심청은 심씨에게로 간다. 심씨는 이 부부에게 축복을 보낸다.
황제와 심청은 옆쪽으로 퇴장한다.)

(무대가 훤히 트이자 배경에서 옥좌의 광채가 솟아오른다. 별빛이 보
인다. 심씨, 별빛을 따라 올라간다. 그 사이 군중들은 무대 전경에 나
와 있다. 바위탑 위의 합창단과 더불어 피날레의 노래를 부른다.)

　　설화 《심청전》·오페라 〈심청전〉에 대해 서독의 평
론가 틴스노크 여사, 레나트 박사, 게오르그 박사와 쉬
드드이체차이퉁이 문학적·음악적 평가를 가한 내용을
간추려 보자.

　　문학적 견지에서 유교·불교·도교사상이 함축성 있
게 표현되어 자기 희생을 통해 인류를 구제한다는 것은
《심청전》 속에 담긴 우주성이다. 한국의 설화, 요정
(妖精)의 이야기는 현대 서독인들의 정신면에 새로운
주의를 환기시켰다는 것이다. 심청의 이름 '청(淸)'은 세

상을 맑고 깨끗하게 한다는 의미를 갖고 있다. 맹인을
암흑의 세계에서 광명의 세계로 인도한 스토리 전개는
이 '청'의 관념을 그대로 표현한 것이다. 또한 이 설화는
하늘과 바다, 옥황상제와 용왕, 이 두 세계의 중간에서
일어나는 인간의 심리적인 갈등을 해소하려고 했다.

심봉사는 대대로 이어 온 양반 사회의 후손으로서 감
성과 활동력이 약화되어 사회로부터 소외당하는 인간의
표본으로 나타난다. 그가 실명(失明)한 이유를 어느 평
론가는 하늘이 책의 지식으로부터 광명을 빼앗아 간 것
이라고 풀이하기도 했다.

'나는 귀한 가문 출신의 양반 심가(哥). 학문은 모두
연구했다오. 쓸데없이 학문의 본질은 내 본질을 무디게
했소. 내 감정을 좁혔소. 현혹당하여 나는 눈이 멀게 되
었소'라고 말한 심봉사의 고백에서, 실명의 목적은 지식
이 인간 사회에 진정한 창조와 봉사를 해왔는가를 따져
보는 자아비판의 철학을 터득할 수 있는 것이다. 그는
땅을 얻는 대신 주인을 잃는다. 20년 간 살아오면서 자
손이 없었다는 것은 진정한 커뮤니티가 없었던 것이라
고 분석된다. 그는 그 동안 비활동·불만족·절망 속에
서 살아온 것이다. 맹인은 그 딸에게 완전히 의존하여
딸의 순수한 사랑 속에서 보호를 받는다. 여기서 청은
족장제도에 의해 효도를 강요당한 표본으로 표현된다.
이것은 어린이들이 그들의 부모 또는 조부모를 위해 희

생당하는 전통적인 습관과 우화의 표현인 것이다. 그녀는 사심 없는 헌신 속에서 아버지를 위해 구걸하고 또 부자(富者)의 청혼도 거절한다. 끝내는 눈먼 아버지의 눈을 뜨게 하기 위해 3백 석의 공양미 대신 용왕에게 제물로 던져진다. 이 장면은 그녀의 순수한 사랑이 노예적인 종속으로부터 해방되는 것을 그린 것이다. 그녀는 하늘과 용왕의 허락으로 현실 생활에 다시 나타나 왕후를 잃은 왕의 새 왕후로 선택된다. 이로써 청의 희생정신은 자기 아버지를 광명으로 인도하고 동시에 자기도 구제된다는 것이다. 이 이야기는 노자의 철학에 기반을 둔 것이고, 도교의 사상을 전형적인 설화의 형식으로 작품화한 것이다. 이 작품은 숙명적인 상호작용, 즉 양과 음을 그린 것이다. 낮과 밤, 생과 사, 정신과 물질, 남과 여, 창조물과 감성 등을 대위법적으로 처리한 것이다. 중국 철학에서 연유한 한국의 설화를 노자의 명상에 비유해서 동양의 지혜를 그대로 반영한 것이다.

〈오페라 심청〉은 음악적으로도 여러 가지로 평가됐다. 이 음악은 서양의 관념에 동양적인 것을 혼합하여, 독특한 컬러와 동질성을 표현하는 데에 성공한 정중동(靜中動)의 음악이란 것이다. 서구의 기법과 악기를 사용하면서 극동(極東)의 요소를 합병시켰으니, 들먹들먹하는 다이내믹한 교묘성을 재현시키려고 했다.

바이브레이트, 글리산도〔滑奏〕. 피치가토(손끝으로 뜯는), 또 다이내믹한 미분화(微分化)를 연주토록 한 것이 그 특징이라고 한다. 또 이 음악에 사용된 제5음(dominant)도 특징인데, 그의 제5음은 날카로운 콘트라스트나 또는 거의 관찰할 수 없는 일시적인 전조(轉調:트랜지션)에 의해 분리된다. 제5음은 대우주(大宇宙) 안에 소우주(小宇宙)를 형상화한 것이다. 한국의 멜로디는 제5음적인 것으로 윤씨는 여기에서 많은 영향을 받았다. 그는 물론 한국의 민속음악을 직설적으로 받아들이지는 않았으나, 그것을 다른 차원에서 현대음악적 작곡기술로 활용하여 도입했다. 한국 음악의 선율적인 움직임을 개별적 또는 집합적으로 짜서 음향 색채를 표현했다. 성악에 있어서도 한국의 창악, 동양의 언어에서 발생하는 음악적인 요소를 독일 텍스트로 표현시켰다. 구개음과 콧소리, 특히 입 속에서 우물우물하는 판소리의 색채가 교묘하게 가미되어 신비스럽고 이색적인 효과를 나타냈다. 80종류의 악기가 동원, 그 중 박(拍)·징·북·방울 등 한국의 타악기가 오케스트라 속에서 활약했다. 음악의 변조와 함께 무대에서는 한국의 의상과 풍습이 계속적으로 소개되어 청중들의 눈을 매혹시켰다. 심청이 입은 치마 저고리, 심봉사의 바지 저고리, 왕의 곤룡포, 왕비가 된 심청의 의상 등은 거의 완벽할 만큼 한국적이었다.

이처럼 〈오페라 심청〉은 심봉사가 눈을 뜨게 되는 기적의 장면처럼, 지금까지 서구세계에 대해 아직껏 가려졌던 한국의 내면, 동양의 진실이 예술적으로 승화된 형태로 전달된 것이다. 이는 작곡가 윤이상 씨만의 개가가 아니라 한국 민족 모두의 긍지라고 할 수 있는 것이다.

족 보

　처음 만나 인사를 나누거나 혼담이 오고갈 때 우리는 흔히 족보 따지기를 좋아한다. 어느 집안의 몇 대 선조가 무슨 벼슬을 지냈고…… 그 몇 대 손이 누구란 식으로 자기 소개가 된다. 도시화와 핵가족 등 근대화의 물결이 밀려들면서 이러한 짙은 족보의식은 많이 퇴화되기는 했지만, 아직도 핏줄을 따지고 가문을 들먹이는 태도는 일상생활에서 지워지지 않고 있다. 신문광고란이나 모임란에 눈을 돌리면 XX종친회·OO씨화수회 등 핏줄을 내세우는 각종 친족단체들이 산견되는 것이다. 국민의 대표를 뽑는 민주국가의 선거절차에서도 이러한 친족세력들은 당락을 결정할 만큼 막강하다. 어느 후보자가 속해 있는 친족의 수가 유권자의 다수를 차지하거나, 또 성씨가 다르다고 해도 종친회 결정으로 밀어 주기로 하면 선거공약이나 인물의 됨됨이와는 별도로 선거는 판가름이 나게 마련이다.

　족보는 쉽게 말하여 부계를 중심으로 혈연관계를 도표식으로 나타낸 책이며, 조상을 존경하고 종족의 단결

을 꾀하여, 후손으로 하여금 멀고 가까움을 불문하고
화목하게 하기 위한 목적에서 만들어졌다. 성족파별(姓
族派別)·문벌가승(門閥家乘)을 분명히 하고 존비·항
렬(行列)·적서(嫡庶)의 구별을 명백히 하는 일종의 신
분 증명서로서의 구실을 해온 것이다.

한국의 족보는 중국에서 유래한 것으로 보여진다. 후
한(後漢) 이래 중앙 또는 지방에 대대로 고관을 배출하
는 우족(右族)이나 관족이 형성됨에 따라 문벌·가풍을
존중하는 사상이 높아져 육조시대에 이르러서는 조상의
관력(官歷)·계보, 집안의 임관·승진은 물론 혼인·교
제에까지, 인간을 평가하는 외형상 기준으로 영향을 미
치게 되면서 족보의 작성을 체계화하는 보학(譜學)이
발달하게 된 것이다. 처음에는 관에서 정한 공적인 성
질을 가졌던 족보가, 송대(宋代)에 들어서면서 사적인
것으로 되고 계보학은 쇠퇴하였다. 현존하는 것으로는
북경도서관에 있는 명(明)의 가정각본(嘉靖刻本)이 가
장 오래된 것으로 이것이 조선왕조 초기 우리 나라에
직접 영향을 준 것으로 보여진다.

《연려실기술》 별집에 의하면 가정(嘉靖) 연간(152
2~1566년)의 문화유보(文化柳譜)가 최초라고 했으나
현존하지 않으며, 세조 때의 유학자 양성지가 만든 남
원 양씨 족보와 성종 때 김종직이 만든 선산 김씨 족보
도 오랜 기록을 자랑하고는 있으나, 문헌적으로 믿을

수 있는 가장 오랜 것으로는 안동 권씨의 족보이다.

이 족보는 1476년(성종 7년)에 간행된 것으로 성화보(成化譜)라고 하니, 문화 유씨의 가정보(嘉靖譜)보다 80여 년 앞서고 있다. 서거정의 ≪안동권씨보≫ 서문에 의하면, '우리나라에는 종법과 보첩(譜牒)이 없고, 거가대족(巨家大族)은 있으나 가승(家乘)이 없다.'고 한 것으로 보아, 조선왕조 초기 이전에는 완비된 족보가 없었음을 알 수 있다. 하지만 이조 초기에도 족보가 아직 성행하지는 못한 것으로 보여진다. 조선왕조 사대부 사회에서 지배계층이 점차 안정되면서, 직위의 자릿수에 비하여 그를 채우고자 하는 양반계층의 수가 급격히 불어나면서, 가문을 앞세우는 각종 족보가 늘어났을 것으로 짐작된다. 이처럼 족보는 조선왕조 신분 계급사회의 산물로서 권씨·유씨 등 족보의 영향을 받아 권문거족이 다투어 족보 간행에 몰두함으로써 대가족제도 사회에서 귀중한 문화재로까지 둔갑했다.

그러나 사실상 우리나라 족보의 기원은 조선왕조를 훨씬 거슬러 비롯되었을 것이다. 신라 때 이미 확립된 골품제도는 일부 왕족만의 피의 순수성을 유지하기 위한 극소수의 지배계층에 한정되었다고는 하나, 족보의 일종이라고 할 수도 있을 것이다. 고려 때로 내려오면서 관리·귀족 등 지배층에 대한 양반제도가 확립됨과 동시에, 권세가문의 기득권을 지키기 위한 족보를 마련했을 것이다. 양반제도는 문·무 양반 또는 동·서 양반의 지칭에서 생긴 것이다. 고려 초 광종이 과거제도를 실시한 후, 문·무의 관리를 각각 별도로 시험하여 선발하였으며, 경종 때부터는 문관은 동반, 무관은 서반이라 구별하고, 이를 합하여 양반이라 지칭한 것이다. 이는 문벌이 있는 집의 자손이 아니면 될 수 없었고 따라서 국가의 특권적인 지배층이었다. 이러한 양반제도를 뒷받침하기 위하여 고려의 권문거족제도에 의하면, 족보의 체제를 갖춘 세계(世系)·항렬(行列)의 방식을 취하고 있다는 것이다. 여기에서 벌써 같은 항렬의 사람들이 같은 자근(字根)을 가졌음을 볼 수 있으며, 문종 때에는 성씨 혈족의 계통을 기록한 책을 관에 배치하여 과거에 응시하는 자의 신분관계를 밝혔으며, 종부시(宗簿寺)에서는 족속의 보첩을 관장하였다. 이와 같은 관제의 확립과정과 족보가 크게 유행했던 것은 송과의 교통이 빈번했던 당시의 정세로 보아 권문귀족간에는 계보를 기록, 보존하는 것이 실제로 행해졌으리라고 짐작된다.

조선왕조에 들어서면서는 사실상 족보제도가 사대부 사회의 신분을 상징하는 것으로 공식화한다. 과거 때에도 내외 4대조의 세계(世系)를 참작하여 신분을 구별하였고, 평민과 천민은 원칙적으로 관리에 등용하지 않았다. 족보의 편성 간행이 활발하여 전중시(殿中寺)에서는 친속의 보첩과 전내(殿內)의 급사(給事)를 맡아 보았으며, ≪선원보록(璿源譜錄)≫ ≪종실보첩(宗室譜牒)≫ 등이 관제상 중요시됨에 따라 귀족권문에서도 수보(修譜)의 기운이 더해 갔다.

이리하여 양반들은 족보를 만들어 스스로 평민·천민들과 구별하고, 대대로 관리가 되어 일정한 계급을 형성하였다. 그러나 양반의 이미지가 그후 점차 변질·타락하여, 과거에 합격하지 않아도 조상의 혈통을 기준으로 하여, 그저 사대부 출신을 통틀어 '양반'이라 칭하게 되었으며, 이들은 사회의 특권층으로서 국가로부터 토지와 각종 특전을 얻었다. 이들은 유학을 신봉하는 것을 유일한 프라이드로 삼아 문약(文弱)으로 기울게 되고, 가계(家系)나 신분을 배경으로 정권에 참여, 사화와 당쟁 등 권좌를 에워싼 분파작용을 일삼게 되었다. 그리하여 선비와 대부(大夫)가 포개어졌던 조선왕조 초기에 비해, 임진왜란 이후부터는 집권가문이 고정화됨으로써 권좌에 오르지 못하는 양반층이 많아지게 되어, '과거(過去)의 영광'이나마 기록하여 자취로 삼으면서, 자손 만대에 전해 주기 위해 대동보가 필요했었다. 족보란 이처럼 번창했던 가문이 널리 후손을 펼치면서 시들해질 때 더욱 절실해진다. 구한말에 재야에서 설움받던 대원군이 집권하여 세도를 부리자, 양반가문들에게 위협받던 왕권의 강화를 위해 경복궁을 중수하고 ≪전주이씨

대동보≫를 만들어 종친부(宗親府)의 큰 잔치를 벌이고, 이 족보에 오르면 부역이 면제되는 등 각종 특전을 베풀어 가문의 중흥을 꾀함으로써, 전주 이씨가 별안간 80여 만 명으로 늘어나는 에피소드를 빚기도 했다.

족보는 일명 계보라고도 하며 그 사회적인 중요성에 따라 보첩·세보·세계·세지·가승(家乘)·가첩·가보·성보(姓譜) 등 여러 가지로 불리어 왔다. 가첩이라고 하면 동족의 전부를 기록한 것이 아니라 자기 집안의 직계에 한해 발췌 초록한 세계표를 가리키며, 가승은 계도 외에 조상의 전설 사적에 관한 기록을 모아서 꾸민 것이지만, 크게 구별되지 않고 거의 같은 뜻으로 씌어진다. 족보는 이른바 종보(宗譜)에 해당하는 것이며, 여기에서 갈라진 세계(世系)들은 지보(支譜)·파보(派譜)라 칭해진다. 이들 파보에는 그 권수가 한없이 많아 종보를 능가하는 경우도 적지 않다. 이러한 파보는 시대에 따라서 증가되고 그 표제에 ≪연안김씨파보≫≪경주이씨좌랑공파보≫≪순창설씨함경파세보≫ 등과 같이 본관(本貫)과 성씨 외에 지파(支派)의 중시조명(中始祖名) 또는 동족부락의 거주지로 보이는 지명을 붙이고 있으나, 내용과 형식에 있어서는 종보와 다름이 없다.

현재 흔히 볼 수 있는 각 성씨들의 족보는 대충 17세기 영·정조 때 만들어진 것이다. 그 시조들은 멀리 신라 초기나 고려 중기까지 거슬러 올라가기도 하지만,

이 원시조에 대한 연대는 그리 흔하지도 않을 뿐더러, 설령 표기된 것이라 해도 믿을 것이 못 되고, 확실한 시조는 고려 중기로부터 조선왕조 초기에 걸친 실재 인물을 그 시조로 택하고 있다. 고려 중기 정중부 등 무신집권시대에, 신라 때부터 내려오던 고려 문신계급이 모두 8족이 멸해지고, 80여 년 후 새로 등장한 지방 향리 출신의 문신들이 조선왕조 양반계층의 조상을 이루고 있으므로, 이 중시조들의 벼슬은 안일호장(安逸戶長)·보윤(甫尹)호장 등 지방관리에 머무르고 있다.

한 성씨족(姓氏族)의 족보로서는 여러 종류에 미치는 것이 많은데, 이에 대하여는 국내 족보 전반에 걸쳐 총망라한 계보서가 있다. 《청구씨보(靑丘氏譜)》 《만성대동보(萬姓大同譜)》 《조선씨족통보(朝鮮氏族統譜)》 등이 있다. 이 중에서 가장 잘 구비된 것은 《청구씨보》로서, 헌종 연간(1835~1849)에 된 것으로 생각되어 그다지 오래 된 것이 아님을 알 수 있다. 이와 같은 대동보의 발생은 계급적 의식과 당파 관념에서 문벌의 우열을 분명히 하려고 한데다, 우리 민족의 규합·통제의 필요성에서 그 이유를 찾을 수 있을 것이다.

한 세대가 30년이므로 한 씨족의 대동보는 대충 30년에 한 번씩 보완해야 한다는 계산이 나온다. 영·정조 때 첫 족보를 발간한 씨족의 경우 현재까지 3~4회 정도의 족보를 발행한 것이 보통이다. 이처럼 한 번 족보가 발간되기 위해서는 친족들간에 여러 차례의 모임과 그 비용과 재원이 필요하다. 각 가정에서는 초단(草單) 또는 수단(收單)이라고 하는 이른바 가계 신분증을 제시하고 자손 상황을 제시하여야 한다. 이른바 ○○○씨대동보소·○○○씨화수회·○○○씨종약원 등은, 모두 족보를 발행하기 위해 조직된 친족 단체, 그 중 가장 큰 규모의 것으로는 전주이씨대동종약원이 있다.

정치와 사회 활동에 있어서 현달(顯達)·귀현(貴賢)의 세계를 명백히 하려고 한 보서(譜書)로서, 문보(文譜)·삼반십세보(三班十世譜)·호보(號譜) 등도 있으며, 자기 조상 중 특히 도덕품행이 뛰어난 충효절의의 사적 공업(事蹟功業)을 수록한 것도 있다. 이러한 혈통 표시를 위한 습소의 연장으로 내시〔宦官〕 사이에는 계보를 끊이지 않고 다른 성씨를 양자로 삼아 혈족적 가계의 유형을 보존하고 있는 양세계보(養世系譜) 등도 있다.

이와 같이 혈연적인 부자 관계만을 취급한 족보 외에도 직업, 당파 등을 중심으로 엮은 특수 족보도 있어 흥미롭다. 서울대 규장각도서에는 《역관보(譯官譜)》 《무보(武譜)》 《사색보(四色譜)》 《의과팔세보(醫科八世譜)》 등이 있으며 고대(高大) 아연(亞硏)에서는 중인(中人) 족보 등을 보유하고 있다. 현재 국립도서관에 소장된 한국의 족보는 모두 121성, 2405파의 1만

2000여 책. 김해 김씨 족보만도 119종이나 된다. 이처럼 한국은 세계에서 가장 족보가 잘 보존되어 있는 나라로 알려져, 하버드 대학의 와그너 교수 등 해외 학자들도 연구에 큰 관심을 보이고 있다. 족보를 연구함으로써 당시의 권력 구조·지배 인물의 성분 등을 검토할 수 있으므로, 그 체계적 연구가 활기를 띠고 있으며 보학(譜學)이라고 부른다. 경제기획원이 발표한 1970년 말 현재 한국의 성씨는 모두 259성이다. 김·이·박·최·정씨(鄭氏) 순으로 가장 많으며, 본관 수는 김씨(498종)·이씨(451종)·최씨(325종)·박씨(39종)의 순이다.

신분과 계급을 앞세우던 봉건시대의 족보 의식은 자유·평등의 보편 이념이 지배하는 오늘의 한국 사회에서 단연 뿌리 뽑아야 할 것이다. 하지만 무조건 족보를 불태워 버릴 수는 없을 것이다. 그것은 한반도에 살아온 선조들의 혈맥이 얼룩진 귀중한 문화재이므로, 과거를 연구하는 소중한 사료(史料)로서 큰 의의를 지닌다. 자기 핏줄의 근원을 캘 수 있고 특이한 개성을 지닌 가풍을 전수시킨다는 것은, 개성을 강조하는 민주주의 이념에도 어긋나지 않는 것이다. 과거에만 집착하는 퇴폐적인 족보 의식에서 벗어나, 새 시대에 알맞는 새로운 가풍을 형성해 가는 미래 지향적인 새로운 족보 의식을 다져 가야 할 것이다.

거북선

'먼 남쪽 바다로 침노하는 왜군을, 오는 대로 물리친 우리 장군 이순신, 그 손으로 만드신 신기로운 거북선, 이 세상에 발명된 철갑선의 처음일세.'

광복 이후에 국민학교를 다닌 한국인치고 이 동요를 읊조리지 않은 사람은 별로 없을 것이다. 이처럼 역대 한국사를 통하여 가장 빛나는 전공을 남겼다는 거북선, 가장 뛰어난 당대의 신형 무기였던 이 배의 정체는 과연 어떤 것일까?

임진왜란 당시 이순신 장군이 손수 만든 거북선의 원형은 물론 그 한 부분도 현재 찾을 길이 없다. 뿐만 아니라, 그 그림이나 도본도 현재 남아 있지 않고 그 정확한 구조를 알려 주는 해설 기록도 없으므로, 오늘의 우리는 다만 단편적인 기록들을 꿰어 맞춰 거북선의 구조와 기능의 대략을 더듬을 수밖에 없다. 당시 남해안의 이 충무공 격전 지점을 훑으면서 거북선의 실상을 떠올려 보자.

경상남도 충무시 앞바다 다도해 일대는 지명 그대로 이순신 장군의 승전고가 울려퍼진 바다의 요새다.

바로 건너편에 임진왜란의 대첩지 한산도가 손에 잡힐 듯이 기다랗게 떠올라 보여, 마치 잔잔한 호수 위를 맴돌고 있는 것 같다. 이처럼 이곳의 지세는 크고 작은 섬들이 보기 좋게 적절하게 배열되어 있어, 배를 타고 꾸불꾸불 수로를 헤치고 다니노라면 언뜻 한강 하류에 접어든 듯, 바다라는 느낌이 들지 않는다. 남쪽으로는 섬과 섬 사이에 뻥 뚫린 악어 입처럼 터져 보이는 견내량(見乃梁)—이 길목을 왜함선 70여 척이 다가들다가 충무공이 지휘하는 거북선 함대에 걸려 몽땅 수장을 당했다.

임진년(1592년) 7월 8일엔 유명한 한산도 앞바다 대첩이 있었다. 지금도 이곳을 처음 들어서는 배는, 마치 시골에서 서울로 갓 올라온 자동차 운전사가, 좌회전·일방통행 등 까다로운 교통규칙에 애를 먹듯이, 갈팡질팡 뱃길을 못 찾아 쩔쩔맨다는 절묘한 천연의 지세를 이순신 장군은 최상의 전략 코스로 승화시킨 것이다.

해전 때마다 거북선이 수훈을 세운 것은 물론이다. 임진란 7년을 통하여 육전에서는 왜군이 조총을 사용함으로써 파죽지세로 연전연승을 거둔 데 반해, 해전에서는 거북선을 가졌기 때문에 우리가 연전연승을 거둔 것으로 일단 평가되고 있다. 하지만 거북선이라고 하여

한 가지가 아니고 그 구조나 성능은 상당한 기간 동안
에 꾸준히 변형·개조된 것이 아닌가 보여진다. 거북선
에 대한 최초의 기록은 조선왕조 초기의 《태종실록》
25~30권에 이미 나타나고 있다.

　'적선과 충돌하면 적이 이겨내지 못하고 도망쳐 쾌승
을 거두도록 짜여진 승리의 배'라고 적혀 있다. 이처럼
거북선은 조선 초부터 효용성이 큰 전투함으로 이용된
듯하나, 이때의 규모와 제조·사용 연대는 더 이상의
기록이 없어 전혀 알 길이 없다. 다만 신라시대의 장보
고 등이 해상 루트를 개척하여 멀리 당의 중국 대륙에
까지 진출하여 신라방(신라인의 거류지)을 차렸다든지,
또 고려 때 김방경이 지휘하던 여원(麗元) 연합 함대
가, 두 번이나 일본 상륙을 시도하다가 태풍을 만나 성
공하지 못한 사실로 미루어, 전함·조선기술에의 상당
한 잠재실력을 갖춰 왔다고 볼 수 있다. 여하튼 하나의
완전한 돌격선으로 창제된 이 충무공의 거북선은 임진
왜란중에 그 성능의 절정을 이룬 것 같다.

　이 장군이 전라좌수사로 부임되어 여수로 내려온 지
1년 후 임진왜란이 일어나던 바로 그해의 일기에는 이
렇게 적혀 있다.

　　2월 8일/오늘 거북선에 쓸 돛베 29필을 받았다.
　　3월 27일/거북선에서 대포 쏘는 것을 시험해 보았다.

4월 11일/오늘 비로소 돛배를 만들었다.

4월 12일/식후에 배를 타고 거북선에서 지(地)자·현(玄)
자 포를 쏘아 보았다.

이처럼 바로 임진란 전야의 일기장에 '거북선의 파일
럿 플랜'을 낱낱이 적고 있는 장군의 예지를 어떻게 보
아야 할 것인가?

이은상 씨는,

'공은 확실히 나라를 위한 지성의 인물이었다. 그러므
로 공이 만든 거북선의 완성이 임진란의 발발과 함께
거의 시간적으로 같이 맞아떨어졌던 것이니, 어찌 이렇
게도 신묘한 경쟁이 있을 것이랴.'고 탄복하고 있다.

임진란 그해 5월 29일, 충무공과 원균이 노량에서 만
났을 때 앞바다 해변의 산에는 왜군이 진을 쳤다. 바다에
는 그들의 전함 12척이 정박하고 있었다. 썰물 때 바닷물
이 얕으므로 큰 배로 공격하지 못할 것을 안 장군은,

'우리가 거짓으로 물러가면 적은 반드시 배를 타고 우
리를 추격할 것인데, 바다 가운데로 끌어내어 거북선으
로 합격(合擊)하면 이길 수 있을 것이다.'라면서, 배를
돌려 일리(一里)도 나가기 전에 적선이 아군을 추격하
니, 이에 아군은 거북선으로 하여금 돌진케 하여 대소
총통으로 적선을 모두 불태우니, 육지에 남은 적들이
멀리서 보고 발을 굴렀다 한다. (《선조실록》 27권,

선조 25년 6월 기유조)

또 《이충무공전서》 2권 장계1 당포파왜병장(唐浦
破倭兵狀) 조에는 다음과 같이 거북선을 설명하고 있다.

　'신은 일찍이 왜적의 난리가 있을 것을 걱정하고 따로 거북
선을 만들었사온데, 그것은 앞에는 용두(龍頭)를 붙여 그 입으
로부터 대포를 쏘게 하였고, 등에는 쇠못을 꽂았으며, 수백 척
의 적선 열(列) 가운데로도 포를 쏠 수 있게 되어 있습니다.'

보다 자세한 기록은 왜란 당시 27세의 청년으로 숙
부인 충무공의 휘하에서 군중문서를 다뤘다는 이분(李
芬)의 《이순신행록》에서 찾게 된다.

　'크기는 판옥선(板屋船)과 같고 위에는 판자를 덮었으며, 그
위에 십(十)자형의 좁은 길을 만들어 사람이 다닐 수 있게 하
고, 나머지는 모두 쇠못을 꽂아 발붙일 곳이 없게 하였다. 앞
에는 용두를 만들어 그 입을 총구멍으로 하였고, 뒤에는 거북
꼬리를 만들어 그 밑에도 총구멍이 나 있으며, 좌우에는 각각
6개의 총구멍이 있다. 적이 배에 올라 덤벼들다가는 쇠못 끝
에 찔려 죽으며, 또 배 자체를 포위하면 전후좌우에서 일제히
총을 쏘아, 적선이 비록 구름처럼 몰려와도 이 배는 적중을 마
음대로 드나들며, 가는 곳마다 지지 않는 놈이 없기 때문에,
크고 작은 싸움에 이 배는 항상 승리를 거두었다.'

그 구조나 성능이 눈에 선하게 보이는 것처럼 한마디

로 '전천후상승선(全天候常勝船)'으로 묘사되어 있다. 그러면 우리측 기록은 그렇다 치고 일본측의 기록은 어떤가?

'적선(거북선)은 전부 쇠로 입혀졌기 때문에 우리들(일본군)의 총으로는 손상시킬 수가 없다.'(《정한위략》 고려전선기)

또, 《이충무공전서》 14권에 화국지(和國志)를 인용하여,

'임진란 초에 고성(固城) 사람 제만춘(諸萬春)이 포로가 되어 일본에 갔더니, 와카사카(한산해전에 패한 왜장)의 집에서 조선을 친 자가 도요토미 히데요시에게 보고한 글월을 보았는데, 거기에는 조선 사람의 해전이 육전과는 크게 다르고, 또 배가 크고 빠를 뿐 아니라, 누각과 뱃전까지 튼튼하고 두꺼워 총탄이 들어가지 못하며, 우리 배(일본 배)가 부딪치면 모두 부서진다.'

고 하더라는 것이다.

당시 왜군들이 거북선에 대하여 '메꾸라 부네(소경배)'라는 별명까지 붙였다니, 그들이 거북선의 저돌적인 신출귀몰을 얼마나 두려워하고 경이로워했던가를 미루어 알 만하다.

한일 양국의 기록을 뛰어넘어 1883년 영국 해군 기

록에도 이렇게 적고 있다.

　'고려 전선(戰船)은 쇠판자로 몸을 싸고, 마치 거북 모양으로 만들어 당시 일본의 목조 병선을 깨뜨렸으니, 세계에서 가장 오랜 철갑선은 진실로 한국인의 발명이었던 것이다.'

　해양의 24시간을 지배하던 영국의 기록이 이쯤 되면 우리는 거북선의 진가를 세계에 떳떳이 내세워도 좋겠다. 아니 우리는 가만히 있었지만 이미 공인된 사실이다. 기록들을 좀더 끌어내어 거북선의 크기와 성능을 더듬어 보면, 통제영의 것이 길이 64척 8촌, 폭 14척 5촌(뱃머리는 12척, 배꼬리 부분 10척 6촌), 높이 7척 5촌이다. 뱃머리에는 길이 4척 3촌, 폭 3척의 거북머리를 만들어, 그 속에서 유황과 염초를 태워서 연기를 뿜어내 적을 어지럽힌다.(《이충무공전서》 도설 거북선 조)
　하지만 임진란 후의 거북선은 점차 그 본래의 관록을 잃어간 것 같다. 200여 년이 지나 순조 때에 이르면,
　'각 수영(水營)에 있는 거북선은 이름만 거북선이지, 다른 선박과 다름없으며, 사용하는 데는 오히려 보통 배보다 불편하다.'고 적고 있다. (《비변사등록》 199책, 순조 9년 4월 27일 조)
　이러한 기록을 음미해 보면 신출귀몰하던 본래의 거북선은 이때 벌써 자취를 감춘 것이 아닌가 생각된다. 또한 거북선의 기록이 이미 조선 초에 나타난 것을 보

면, 거북선이 그처럼 돋보였던 것은 충무공의 사려 깊은 용법술에 더욱 힘입은 것이 아닌가 보여진다. 이러한 추측은 장군이 모함을 받아 원균이 삼도수군통제사로 해군을 지휘하면서 똑같은 거북선을 가지고도 참패를 했다는 점, 반면에 백의종군하던 장군이 그 뒤를 이어 깨어진 배 12척을 가지고 울돌목 해전에서 '거북선 없는 대승'을 거둔 사실로 입증된다 할 것이다.

거북선이 만들어졌고 또 그 활동무대가 되었던 이곳 한산도 일대는 곳곳이 모두 '바다의 만리장성'이라고 할 수 있다. 소금을 굽고 숯을 굽고 군량을 마련하던 동네들, 싸우면서 건설하던 장군의 지혜가 알알이 배어 있는 곳이다. 거북선을 만들었다는 비추리 앞바다는 지금은 온통 굴 양식장으로 둔갑하여 짭짤한 수익을 올리고 있다. 임진란 당시 해군통제부가 있던 제승당(制勝堂)은 일제 때에도 일본 해군장교들이 꼭 참배하고 갔다는 국경을 넘어선 성역이다. 장군의 덕행에 이끌려 통영고교 교사직을 물러나 약 10년 동안 이곳을 지킨다는 제승당장 이순필 씨는, '충무공을 기념할 만한 유물이 없는 것이 안타깝다'고. 한모퉁이에 자리잡은 초라한 모형의 거북선만으로는 그 실상을 어림잡기 곤란하다. 최근에 이곳 앞바다에서 거북선 인양작업을 대대적으로 벌이기도 했으나 아직 낭보(朗報)가 없다. 하지만 충무공이 지휘하던 조선조의 후예임을 자랑삼는 이곳 주민들

의 마음속에는 이처럼 거북선의 모습이 살아 꿈틀대는
것이다.

암행어사

지상에 나라가 생겨나고 백성을 다스리는 정치 기능이 펼쳐지면서 관리의 잘못을 살피고 벌 주는 감찰기관이 존재해 왔지만, 우리의 암행어사는 민중 속으로 속 시원히 파고들어 부정부패를 도려낸 고유한 제도적 장치이다. 관명 그대로 임금에게 직속되어 임명과 임무를 일체 숨기고, 지방에 몰래 파견되어 토색질을 일삼는 오리(汚吏) 앞에 불쑥 나타난다. 혹은 거지꼴로 혹은 동냥중 모습으로 변장하고, 주막이나 정자 아래서 텁텁한 막걸리를 서민들과 함께 주고받으면서 민정을 살피고 민원을 엿듣는다. 그러다가 백성을 괴롭히는 고을 원님을 만나면, 초라한 몰골은 '어사 출두야!' 하는 호령과 함께 어느새 관찰사의 신분으로 둔갑하여 그 자리에서 오리를 꾸짖어 벌하고 관인(官印)을 빼앗아 파면을 시키는 것이다. 이처럼, 억압받는 민중에게 암행어사가 어느 만큼 어필되었던지는 한국의 대표적 고전문학으로 손꼽히는 《춘향전》의 클라이맥스 장면에 생생하게 묘사되고 있다.

'금동이의 아름다운 술은 백성의 피요
옥소반의 아름다운 안주는 뭇백성의 기름이라
촛불 눈물 떨어질 때 백성 눈물 떨어지고
노랫소리 높은 곳에 원망 소리 높더라.'

이러한 가렴주구의 현장에 춘향의 애인 이 도령이 암행어사로 나타난다.

'암행어사 출두야! 외치는 소리
강산이 무너지고 천지가 뒤집난 듯
초목금수(草木禽獸)인들 아니 떨랴
남문에서 출두야! 북문에서 출두야!
동서문 출두 소리 청천으로 진동하고……
좌수(座首)·별감(別鑑) 넋을 잃고
이방(吏房)·호장(戶長) 실혼하고
삼색(三色) 나졸 분주하네
모든 수령 도망할 제 거동 보소
인궤(印櫃) 잃고 유과(油果) 들고
병부(兵符) 잃고 송편 들고
탕건 잃고 용수 쓰고
갓 잃고 소반 쓰고
칼집 쥐고 오줌 누기'

(≪춘향전)≫ 이가원 역주 참조)

한마디로 전제시대에 압제받던 민중에게 후련한 카타르시스 작용을 한껏 펼쳐 주고 있다.

암행어사는 각종 어사 중의 하나인데, 이처럼 다른 어사와는 달리 그 임명 절차와 임무가 일체 비밀인 것이 특색이다. 이 제도의 기원은 아직 공식적으로 확인된 바는 없으나, 사헌부의 관리나 임금의 측근이 지방에 파견될 때, 임무를 달성하기에 편하도록 남몰래 행동한 것이 차츰 제도화하여 암행어사로 나타난 것이 아닌가 보여진다. 기록상으로 암행어사가 처음 나타나기는 《중종실록》이지만, 인조 이후 나라가 차츰 어지러워지면서는 지방에 자주 파견되어, 이후에는 어사라면 곧 암행어사를 가리킬 만큼 일반화하게 되었다.

암행어사는 국왕이 직접 비밀로 임명하였으며, 그 자격에 대해서는 당하시종관(堂下侍從官)이었다고 한다. (《영조실록》 권2)

이처럼 왕과 아침저녁으로 가까이 대할 수 있는 시종(侍從)을 암행어사로 임명한 이유는, 왕과 백성 사이의 커뮤니케이션을 직접 맺어 줄 수 있는 채널이 필요했기 때문일 것이다. 이처럼 암행어사의 자격이 장래가 촉망되는 젊은 당하관으로 국한된 것은, 때묻지 않은 순수한 정의감이 앞서 정실에 흐르거나 매수될 우려가 적고, 또 걸식 노숙을 하면서 신분을 숨기는 등 번거로운 일을 제대로 감당할 수 있었기 때문이다.

암행어사로 결정되어 왕이 임명장인 봉서(封書) 한 통을 주면 자기 집에도 들르지 않고 즉시 출발해야 하는데, 그 봉서의 겉에는 행로 방향에 따라 '도남대문외개탁(到南大門外開坼)' 또는 '도동대문외개탁(到東大門外開坼)'이라고 씌어져 있어 서울 성문 밖에 나가서야 뜯어 보도록 되어 있었다.(《정조실록》 권41)

봉서 내용은 누구를 어느 도(道)의 암행어사로 삼는다는 것과, 특히 내려가서 살펴야 할 일에 대한 명령이 적혀 있었다. 만일 도성 안에서 이를 뜯어 본다든지 또는 출발 뒤에 자기 집에 들르면 처벌당했고, 출발할 때 의정부에서는 사목(事目) 1권, 마패·유척(鍮尺) 등을 주었는데 임무가 끝나면 반납하였다. 사목은 암행어사의 직무을 규정한 책이다. 이 사목에 의하여 암행어사의 직무 범위가 정해지고 그 권한이 명시된다. 그 내용은 오리 적발 및 처벌, 전정(田政)과 군정(軍政)의 실시를 감사·시정하는 것에서부터 인재 발탁, 열녀·효자의 표창에 이르기까지 상당히 광범위하다.

마패는, 역마를 이용하고 역졸들을 부릴 수 있는 권한을 증명하고, 또한 암행어사가 지방에 나갈 때 인장(印章)으로 대용하여 직권 행사의 표지로 하였다. 필요할 때는 역졸이 마패를 들고 '암행어사 출두'를 외쳤는데, 발행처는 상서원(尙書院)이었다. 마패는 곧 암행어사의 상징이다. 원형 모양을 하고 있으며 크기는 직경 9~10cm, 두께 0.5~1cm 등 꼭 일정하지는 않다. 볼록한 윗부분에 가죽끈을 꿰어 찰 수 있는 구멍이 뚫려 있고, 앞면에는 자호(字號), 발행 연월일 등을 새겼으며, 뒷면에는 말의 수를 새겨 넣었다. 말의 수가 많을수록 그 권한이 컸는데, 말 수에 따라 5마패, 6마패, 최고 10마패까지 있었다고 한다. 이러한 마패는 현재 비원 안에 10장쯤, 고려대학교 박물관에 있는 것 등, 모두 20여 장이 있으나 가짜가 많이 나돌고 있다. 고려대학교 박물관 관리주임 윤세영 씨는,

'진짜는 가죽끈을 꿰던 구멍이 닳은 흔적으로 구별되고, 또 천계(天啓) 연호를 도용(盜用)한 것이 가짜로 많이 나돈다.'고 말했다. 골동품으로서 마패는 10여 년 전 1만원 남짓하던 것이 지금은 3,4만원 하나 그나마도 진짜를 구하기 어렵다는 것이다.

'유척(鍮尺)은 본래 검시(檢屍)할 때 썼는데 놋쇠로 만든 자이다. 죄인을 함부로 벌하고 죽이는 것을 감시하여 원만한 행형(行刑)을 하기 위한 것이며, 또 도량형의 사용을 장려하기 위한 것으로 보여진다.'(《영조실록》 권68)

이처럼 확실한 신분이 보장된 암행어사는 부모나 임금이 죽는 등, 어떠한 일이 직무수행중에 일어나도 일단 부과된 사명이 끝나기까지는 돌아올 수가 없었다. 직책은 감찰에만 그치지 않고 지방관을 대신하여 재판을 하는 등 사법권도 발휘했다. 임무가 끝나고 서울에 돌아와서는 1통의 서계(書啓)와 별단(別單) 등 보고서

를 임금에게 바쳤다. 서계에는 현직·전직의 감찰사, 수령의 잘잘못을 낱낱이 상세하게 적고, 별단에는 자기가 보고 들은 민정·군정(軍情)의 실정과, 숨은 미담이나 열녀·효자의 행적 등을 적었는데, 임금은 이것을 비변사에 내려 처리하게 하였다.

암행어사의 출발 길은 서울의 남쪽이나 서북행은 모두 태평로를 통하여 남대문 밖 청파역에서 말을 얻어 타고, 한강을 건너 과천으로 가거나 의주로를 지나 지금의 홍제동을 거쳐 나갔다. 동쪽은 종로를 통하여 동대문 밖으로 나와 광주나 양주로 향하거나 강원·함경도로 떠나게 되는데, 그 일행은 어마어마한 차림을 한 것이 아니라 미리 변복 변장하여 일반 행인과 조금도 다름이 없었다. 암행어사의 임무 지역은 가장 적은 것이 1, 2개 읍에서 보통은 6, 7개 소이나, 가장 많은 기록으로서는 순조 33년 10월 경기도의 암행어사 이시원(李是遠)이 37개 군현을 감찰하고, 이 중 20여 읍에는 직접 정체를 나타내어 출두한 적이 있다.(≪순조실록≫ 권33)

왕조 시대에는 원래 관원의 지방 출장에 있어서는 노문(路文)이라고 하는 공행(公行) 일정표를 발행해 주고, 연도(沿道)의 수령들에게 식사와 여비 따위를 제공해 주게 하였으나, 암행어사만은 특별 취급을 받았다. 즉 그들은 양자(粮資)라고 하는 여비를 따로 받아, 일

체의 관폐·민폐를 엄금함으로써 특수임무를 수행하는
데 지장이 없도록 하였다.

하지만 암행어사라고 해서 모두가 청렴한 것은 아니
었던 것 같다. ≪선조실록≫ ≪현종실록≫ 등에는 술과
계집에 빠지는 어사, 물욕을 탐내고 물건의 제공을 바
라는 어사 등, 도둑고양이 암행어사들이 나타난다. 또
인조·순조 때에 이르면, 불법 사실을 적발해 낸 암행
어사가 출두하기 직전에 점심을 먹다가 졸도하는 등 의
문의 폭사(暴死) 사건도 엿보인다. 이리하여 조선조 후
기에 들어서면 '개 쏘다니는 듯한 암행어사'라는 말까지
나돌 정도로 민폐는 없애지 않고 돌아다니기만 하였다
는 것이다. (≪조선사편≫ 3권 임술록)

여기에 대하여 가짜 암행어사 사건도 빈발하여, 마치
자유당 말기의 대통령 양아들을 사칭하고 돌아다니던
가짜 이강석(李康石) 사건을 연상시킨다. 영조 15년 9
월의 삭주(朔州) 가짜 어사 사건은 그 중 유명하다. 관
서(關西) 암행어사 이성효(李性孝)가 삭주읍에 이르러
국경지대의 밀무역을 적발하고 불법문서를 적발해 내
자, 부사(府使)는 가짜 어사라 하고 어사는 마패를 제
시하여 한참 옥신각신하다가 겨우 수습된 사건이다. 이
와 유사한 사건은 정조·순조 때에도 꼬리를 물고 일어
나, 암행어사 제도는 그 본래의 기능을 잃고 점차 타락
증상을 보여 간다.

숙종 이후에 있어서는 당쟁이 격화됨에 따라 암행어
사는, 본래의 사명을 떠나 반대파를 공격하고 자기 편
을 두둔하는 편당적인 색채를 띠게 되었으며, 더구나
고관들은 자기의 심복을 시켜 어사의 뒤를 밟게 하고,
그 보고에 따라 어사를 탄핵하는 일도 종종 벌어졌다.
그럼에도 불구하고 부패한 사회에서는 암행어사의 파견
이 절실히 필요하였으므로, 이익(李瀷)이나 정약용 같
은 학자들도 이러한 제도를 없애서는 안 된다고 생각하
였다.

　결국 이 제도는 1892년(고종 29년) 전라도 암행어사
로 임명된 이면상(李冕相)을 최후로 하여 끝나 버렸다.
부정부패 풍조가 제도화할 만큼 심화된 오늘의 세태에
서, 우리는 우리의 선조들이 고안한 반부정부패를 위한
암행어사 제도를 다시 활용할 만하다고 볼 수 있겠다.

실학사상

전제 봉건의 폐쇄적 교조(敎條) 이념에 찌든 조선왕조의 한복판에서 정말 놀랄 만한 이변이 생겨났다. 왕조 초부터 숭유주의 국시를 배경삼아, 감히 거역할 수 없는 학문의 대세를 이룬 주자학에 일군(一群)의 학자들이 반기를 들고 일어나, 실사구시(實事求是)·경세치용(經世致用)의 새로운 학문체계를 내세운 것이다. 영조 시대의 일이다. 우리나라의 전통적 학문인 주자학에 대한 반성이 크게 일어나, 번문욕례(煩文縟禮)의 성리학이 얼마나 공소한 무용지학이었던가를 깨닫게 되었다. 조선왕조 초기의 주자학적 도학이 사화와 당쟁을 거치면서, 본래의 참신한 기풍을 잃고 케케묵은 이론을 위한 이론으로 일관하여, 실제와는 아주 동떨어진 시대착오적 학문으로 전락하고 말았다.

주자학적 허식·예법·성리설이 혐오의 대상이 되는 한편, 새로운 자각 속에 조선 후기의 새로운 학풍이 크게 일어난 것이다. 이때 사실에 입각한 자각과 비판정신을 불어넣어 준 것은 당시 청나라에서 들어온 고증학과 서양의 과학적 사고방식이었다. 서양의 정치·경제·법 사상과 자연과학 등이 참신하고 매력적이기까지 한 경세치용지학(經世致用之學) 또는 이용후생지학(利用厚生之學)으로 받아들여진 것이다. 새로 등장한 실학파는 우선 퇴폐한 사회·경제·정치 현실에 비판의 눈을 돌리고, 현실의 여러 문제를 해결함으로써 이상적인 사회와 희망에 찬 밝은 장래를 내다보고자 하였다.

실학이란 말은 실질적 의의를 가진 학문이란 것이다. 사실 구한말 일제를 거쳐 오늘에 이르는 동안에도, 근대화를 지향하고 있는 우리의 의식구조는 그들과 별다른 것이 없다. 외세의 침략에 의한 호된 충격을 받고서야 허둥대던 구한말 이래의 상황에 비한다면, 이보다 1~2백년 앞서 내면적인 자각에 의해 근대화 과정을 밟고자 했던 당시 선각자들이야말로 더욱 떳떳한 한국근대화의 기점을 이루었다고 볼 수 있다.

영조 5년(1729년) 양득중(梁得中)이 국왕에게 실사구시의 학(學)이 이상적이며 실제적인 학문임을 역설하여, 영조는 그 주장의 타당성을 받아들여 '實事求是'란 4자를 써서 궁실 안 벽상에 걸어 두고 강의하게 하였다. 실학이 크게 발흥한 데는 영조의 적극적 배려와 이해가 큰 몫을 하였음을 알 수 있다. 양득중이 처음 국왕에게 실학을 장려하도록 건의하였으나, 보통 실학의 비조(鼻祖)로는 반계(磻溪) 유형원을 든다. 그를 계승한 성호(星湖) 이익과 더불어 다수의 저서를 통해 실학의 체계화에 앞장섰기 때문이다. 유형원의 ≪반계수록(磻溪隨錄)≫과 이익의 ≪성호사설(星湖僿說)≫은 치세의 길·지방제도·재정·경제·과거제도·학제·병제·관제 등 현실적인 문제들을 날카롭게 비판하고, 그것들의 장래에 대한 이상과 구상을 논한 책이다. 이들 실학자들은 성리학과 경서(經書) 해설의 교조적 권위에 도전·부인하고 그 이론을 정면으로 비판하는 데 서슴지 않았다. 정치·사회 등 국리민복의 실제적 문제를 연구하고 그 제도들의 과감한 개혁을 주장했다. 천문·역학·농학 등 서구 과학문명을 섭취하는 한편, 종래의 우리 역사·지리·문화·풍속 등에 새로운 방법론으로 접근하는가 하면, 서양의 천주교를 받아들여 신봉하기도 했다.

좀더 구체적으로 실학사상이 생겨나게 된 시대적 배경을 살펴보자.

본래 조선왕조는 유교이념을 주축으로 한 기반 위에 건국했다. 왕을 중심으로 한 고급관료는 모두 유학일색의 과목들로 걸러낸 과거제도의 산물이었다. 이 제도가 처음에는 비교적 엄격하게 지켜졌으나, 거듭되는 사화와 당쟁 등 정변을 거치면서 점차 해이해져, 특히 임진왜란 이후로는 붕괴과정에 접어든다. 어숙권(魚叔權)의 ≪패관잡기(稗官雜記)≫나 ≪증보문헌비고(增補文獻備

考)≫ ≪선거고(選擧考)≫ ≪순조실록≫ 등에 이러한 과거제도의 문란과정이 엿보인다.

이에 따라 토지제도도 점차 무질서해져서 과중한 납세부담에 지쳐 패가·도산하는 빈가가 점점 늘었고, 반대로 국가재정은 줄어만 들었다. 줄어드는 수입을 만회하기 위해 국가는 시장의 상가로부터 각종 세금이나 물품을 징세하는 등 토색질을 일삼는가 하면, 국경지방의 대외무역에서도 각종 암거래가 횡행하게 되었으나, 특권층은 오히려 이를 공공연히 방관하면서 각종 수탈에 더욱 재미를 붙여 갔다. 조선왕조 봉건제도는 이미 그 존립 기반을 잃어 가고 있었으나 지배층은 이렇다 할 대안을 제시하지 못하였다. 이런 상황 속에 명(明) 말에서 청(淸) 초에 걸친 서구의 과학문명·천주교·고증학 등이 서서히 한반도에 물결쳐 온다. 이탈리아인(人) 천주교 신부 마테오리치가 1601년 중국에서 포교에 성공, 천주교의 교리해설서인 ≪천주실의(天主實義)≫를 내고 ≪기하원본(幾何原本)≫ 등 과학서적을 번역하고, 천리경·자명종 등 각종 과학기구를 소개하여 별천지의 서구문명에 중국인을 깜짝 놀라게 했다. 인조 9년(1631년) 정두원이 명나라에서 천리경·대포·자명종·만국지도·천주교 서적 등을 입수, 조선왕조도 중국대륙을 통해 서구 과학문명에 접하게 된다. 14년 뒤에는 병자호란 때 청에 인질로 잡혀 갔다가 돌아온 소현세자가 선교사 아담 샬에게서 천문·산학·지구의 등과 각종 천주교 서적을 가져왔다. 또 박연(朴淵)·하멜 등 한반도에 표류했던 서양인들이 서구의 소식을 직접 전하거나 대포제작술 등을 가르쳐주기도 했다.

이처럼 서서히 불어치는 신풍에 자극을 받아, 양식 있는 학자들은 피폐해 가는 농촌경제와 국가재정을 바로잡기 위하여 우선 정책개혁에의 현실적 접근으로 각양각색의 실천 대안을 펼쳐냈다.

임진란 후 사신으로 세 번 왕래하면서 서구 과학문명과 천주교를 직접 소개하기도 한 이수광(1552~1627년)은, 그의 저서 ≪지봉유설(芝峰類說)≫에서 실제 소득이 없는 학문의 무가치함과 실제적인 공업(功業)만이 취할 바라고 강조하면서, 단호하게 구습타파를 주장하였다. 영국·이탈리아·포르투갈 등 서유럽 여러 나라와 안남·유구·타이 등 남방국가들의 실상을 소개하였다. 자연현상에 대해서도 당시의 미신적인 태도를 타파하고 상당히 과학적인 태도를 취하였다. 벼락이란, 음양이 서로 부딪쳐서 생겨나는 기(氣)이며, 죄가 있는 자에게 내린다는 것은 억설이라고 일축하면서, 벼락에 맞아 죽는 것은 그 사람이 우연히 벼락에 맞은 것뿐이지, 벼락이 그 사람을 때린 것은 아니라고 깨우치고 있다. 그의 신도비문(神道碑文)에는, 조선 사람의 처지로는 큰 잔치를 베풀거나 흥겨운 음악은 들을 바가 못 된다고 하며, 스스로 검소한 생활을 하였다고 적혀 있다. 철저한 실용주의자로서 파격적인 탁견들을 제시했을 뿐만 아니라, 스스로의 주장을 생활 속에서 낱낱이 솔선수범하여 생동하는 행동파적 지성으로서 생애를 일관한 것이다.

또, 반계 유형원(1622~1673년)은 《반계수록》 등 10여 종의 저서를 통해서, 특히 체계적인 경제제도 개혁안을 제시하여, 흔히 실학의 창시자라고까지 평가되고 있다. 그는 서울의 넉넉한 사대부의 가정에서 태어났으면서도, 벼슬에는 아예 뜻을 두지 않고 일평생을 독서와 저술로 보냈다. 그는 《반계수록》에서 이렇게 주장한다.

'비록 국가를 다스리기를 원하는 왕이 있어도, 만일 토지제도를 바로잡지 않으면 백성의 생업을 영구히 안정시키지 못하고, 부세(賦稅)와 역역(力役)을 고르게 하지 못하고, 군대를 정돈하지 못하고, 송사를 멈추지 못하고, 형벌을 줄이지 못하고, 뇌물을 막지 못하고, 풍속을 도탑게 하지 못할 것이니, 이와 같이 하고서 어찌 능히 정치와 교육을 잘해 나갈 자가 있으리요.'

그 실천 대안으로 그는 균전제(均田制)를 바탕으로 한 전제개혁안을 주장했다. 농민에게는 매 1인에게 1결의 토지를 주어 농가의 생계를 도모케 하는 동시에, 정당한 전세(田稅)를 받아내어 국가재정을 바로잡도록 하며, 이 토지를 기반으로 부역·병역·공물 등을 납부하도록 한다는 것이다.

유형원의 학문체계를 계승한 성호 이익(1681~1763년)은 더욱 폭넓게 실학사상을 발전시켰다. 그의 집안은 남인의 명문으로, 부친 이하종(李夏鐘)이 대사헌 벼슬에 있다가 당쟁에 휘말려 평안도 운산에 귀양갔으므로 그는 그곳에서 태어났다. 이러한 환경은 그로 하여금 당쟁 비정(秕政)에의 참화를 피부로 느끼게 하여 평생 현실개혁의 학문연구에 몰두하도록 자극했다. ≪곽우록(藿憂錄) 붕당론(朋黨論)≫에는 그의 당쟁관이 생생하게 표현되어 있어 흥미롭다.

'당파는 싸움에서 생기고 그 싸움은 이해(利害)에서 생기니 이해가 절실할수록 당파는 심해진다. 가령 굶고 있던 열 사람이 모두 한 상에서 밥을 같이 먹게 됐다고 하자. 밥도 다 먹기 전에 반드시 싸움이 일어날 것이며, 왜 싸우느냐고 하면 건방졌다거니 손을 쳤다거니 말이 불손했다거니 할 것이다. 그리하여 모르는 사람은 싸움이 말이나 손짓에서 비롯됐다고 생각하나 실상 문제는 밥에 있는 것이다. 가령 그럴 때 여러 사람에게 각기 한 상씩 각 상을 차려 주면 의좋게 먹을 것이 아닌가 …… 그러면 어찌하여 당파가 생기는가? 그것은 과거를 너무 자주 보여 많은 사람을 급제시켰기 때문이요, 관도(官道)에 오른 다음에는 인사처리에 있어 일정한 원칙이 없이 정실에 좌우되어 함부로 진퇴를 결정짓기 때문이다. 과거라는 것은 나라가 선비를 찾는 것이 아니고 선비가 벼슬을 구하는 것이다. 과거 이외에도 조상의 덕으로 관직에 오르는 음보(蔭補) 등이 있어 벼슬할 사람은 무한히 많은데, 벼슬자리는 적고 보니 여기에 문제의 핵심이 있는 것이다. 이에 궁여지책으로 사람을 빈번하게 바꾸어 번갈아 벼슬을 하게 하였고, 그 결과 좋은 자리에서 나쁜 자리로 좌천되거나 또는 관직에서 파면되면 여기에 불만과 원망이 싹트게 마련인 것이다.'

얼마나 적확한 관찰인가. 봉건적 중앙집권제의 제도적 모순을 깊숙이 파헤치고 있는 것이다. 인류의 보편이념으로 8·15 해방 후 한반도에 이식된 민주 헌정의 우여곡절도 이러한 역사성에서 기인한 것이 아닌가? 자릿수는 적고 들어갈 사람들은 많고……. 온갖 권모술수가 동원된 자리다툼의 암투는 더욱 치열하게 전개된다. 정치 일변도가 아닌 각계각층으로 인재들이 널리 퍼져, 각 분야가 고루 발전해 갈 수 있는 가치의 다원화 풍토가 아쉬운 것이다. 이들 실학파 학자들 중 청나라에 들어가, 그 문물제도와 산업의 발전상을 직접 보고 이를 수입하자고 주장한 학자들이 나타났는데, 이들을 북학파라고 불렀다. 북학파 저서로는 박제가의 《북학의(北學議)》, 홍대용의 《담헌집(湛軒集)》, 이덕무의 《청장관전서(青莊館全書)》, 박지원의 《연암집(燕岩集)》, 홍양호의 《이계집(耳溪集)》 등이 있다.

박제가(1750~1805년)는 정조 22년 영평현령(永平

縣令) 재직시에 목격한 농민들의 비참한 생활상을 28목 52조에 달하는 긴 논문으로 써서 보고하는가 하면, 그 이듬해에는 ≪북학의≫에서 농사 개량 등 청나라의 문물제도를 표방, 정책개혁안을 제출하기도 하였다. 그는 상업·농업·수공업의 유기적인 관계를 이 책에 펼치기도 하였다.

'대체로 재물은 샘과 같은 것이다. 퍼내면 차고 버려 두면 말라 버린다. 그러므로 비단옷을 입지 않으면 나라에 비단 짜는 사람이 없게 되어 여공이 쇠퇴하고, 쭈그러진 그릇을 싫어하지 않고 기교를 숭상하지 않으면 나라에 공장(工匠)·도야(陶冶)의 길이 없게 되어 기예가 망하게 되며, 농사가 황폐해져서 그 방법을 잃고, 상리(商利)가 박하여 그 업을 잃게 되면, 사민(四民)이 모두 곤궁해져서 서로 구제할 수 없게 된다.'

사농공상(士農工商)의 엄격한 위계질서로 묶여진 당시 봉건사회에서 그는 이처럼 산업간의 상관관계를 설파함으로써 사회의 실상을 근대적 경제순환 과정으로 파악하고자 하였다. 이 밖에도 실학사상은 역사·지리·의학·농학·언어학 등 각 방면으로 두루 파급되었다.

그 주요 저서들을 추려 보자.

□ 안정복(安鼎福)의 ≪동사강목(東史綱目)≫(1790년)

중국 중심의 사대주의적 사관으로 씌어진 ≪동국통감(東國通鑑)≫을 비판한 책. 단군·기자(箕子)조선 다음에 위만조선을 붙이는 것을 부인하고, 그 대신 마한을 정통으로 삼아야 한다는 점과 단군·기자의 사실성을 강조했고, 고구려가 수·당을 격퇴한 사실과 고려의 대거란·몽고전에서 조국을 수호한 사실 등을 들어 우리 역사에 자주독립성을 크게 불어넣었다.

□ 이긍익(李肯翊)의 ≪연려실기술(燃藜室記述)≫ (1806년)

조선조 야사의 총평. 널리 여러 야사를 수집하여 그 자료들을 분류·기록했다. 조선왕조의 태조 때부터 당쟁이 극심했던 숙종 때까지의 각종 사건들의 경위와 인물들의 전기, 제도, 문물의 연혁 등 푸짐한 자료들이 담겨져 있다.

□ 한치윤(韓致奫)의 ≪해동역사(海東繹史)≫(1823년)

우리나라 관계 서적과 중국·일본 등 서적 580여 종을 인용하여, 정치·경제·문화·사상 등 광범위한 역사적 접근을 꾀했다. 관료적인 사관에서 벗어나 실증주의적인 역사 전개를 꾀했다.

□ 이중환(李重煥)의 ≪택리지(擇里志)≫ (1750년 경)

우리나라 여러 곳을 피난지·복지(福地)·피병지(避兵地)·은둔지 등으로 나누어 쓴 지리책. 사람이 살 만한 곳으로 적합한 입지 조건, 각 지방의 인심·물정 등을 상세하게 기술했다.

□ 정약전(丁若銓)의 ≪자산어보(玆山魚譜)≫ (1815년)

흑산도의 유배생활에서 그 근해의 각종 수산 생물을 실제로 조사·채집하고 분류하여, 155종에 대한 명칭·분포·형태·습성·용도 등에 관해 서술한 책.

□ 정약용(丁若鏞)의 ≪목민심서(牧民心書)≫ (1818년)

예로부터의 지방장관의 사적을 수록, 치민의 도리를 논한 책. 12개 항목으로 내용을 나눠서 관리의 그릇된 사례를 일일이 들어 설명을 가하는 등 관리의 계몽에 주력하고 있다.

실학에 관한 연구는 구한말 이래 일제를 거치면서 근대화, 즉 독립에의 열망을 위한 방편으로 박은식(朴殷植)·장지연·신채호·최남선·정인보·문일평(文一平) 등의 사학자가 큰 관심을 기울였다. 국학의 르네상스를 이뤘다고 할 수 있는 실학사상의 탐구는 무궁무진하다고 할 것이다.

대동여지도

1861년(철종 12년) 김정호(金正浩)가 간행한 ≪대동여지도≫는 압록·두만강 이남의 한반도와 부속도서를 약 16,200분의 1로 줄여서, 남북을 22단(1단은 120리)으로 나누고, 다시 각 단을 6치 6푼의 폭(1폭은 80리)으로 하여 횡절(橫折)토록 한 한국 지도이다. 조선왕조 후기에 이르러서는 거듭된 외침과 서양의 과학사상의 물결이 밀려들어, 식자들간에 자아의 기운이 싹터 정치·경제·사회·문화 등 모든 분야에 새로운 실학의 학풍이 풍미하였으며 지리·지도에 관한 관심 역시 고조되었다.

숙종·영조대(1678~1752년)에 걸쳐 농포자(農圃子) 정상기(鄭尙驥)는 ≪동국지도(東國地圖)≫를 제작했다. 이 지도는 그리 정밀하지는 않지만 간편하게 작성되어 현대 지도가 나오기까지 모사(模寫)의 자료로 활용되곤 했다. 이익의 벗인 그는 종래 우리나라 지도가 모두 부정확하고 비실용적인 데 불만을 품고, 100리를 1척, 10리를 1촌으로 나누는 백리축도(百里縮圖)

를 창안하여, 원형에 가까운 ≪동국지도≫와 도별 분도(道別分圖)를 작성하였다는 것이다.

그 뒤를 이어 고산자(古山子) 김정호가 ≪청구도(青丘圖)≫ ≪대동여지도≫를 완성하여 혁신을 가했다. 유겸산(劉兼山)의 ≪이향견문록(里鄉見聞錄)≫에 의하면 김정호는 본래 기교한 재예(才藝)가 있고, 특히 여지학(輿地學:지리학)에 열중하여, 널리 상고하고 또 널리 자료를 수집하여 일찍이 지구도를 만들고, 또 ≪대동여지도≫를 제작하여 손수 판각하여 세상에 인포(印布)하였는데, 그 상세하고 정밀함이 고금에 견줄 데가 없다고 했다.

≪대동여지도≫보다 먼저 작성한 ≪청구도≫에 대해서는 그의 친구 최한기(崔漢綺)가 순조 34년(1834년)에 쓴 ≪청구도제언(青丘圖題言)≫에 적절하게 풀이되어 있다.

'김정호는 소년 때부터 깊이 지지(地志)에 뜻을 두고 오랫동안 섭렵하였다. 모든 방법의 장단점을 자세히 살피며, 늘 한가한 때에 사색을 하여 간단한 집람식(輯覽式)을 발견하였다. 방안(方眼)을 획성(畫成)하여 부득이 산수를 끊고 주현(州縣)을 배열하였는데, 표선(表線)에 의하여 경계를 살피기는 어렵다. 그래서 그는 전 폭을 구분하되 가장자리에 선을 긋고 본조의 역산표를 모방하여, 한쪽은 위로, 한쪽은 아래로 하여 길고 넓은 형세가 제 강역대로 접하게 되고, 반청·반홍으로 수놓은

듯한 강산이 같은 색을 따라 찾을 수 있게 되었다.'

이 지도는 일종의 경위선표(經緯線表)인 방안을 좌표의 눈금으로 하여 정확·정밀을 기했다는 것이다.

뒤이어 그는 30년에 걸쳐 방대한 자료를 담은 《대동지지(大東地志)》를 완성하였다. 《대동지지》는 모두 15권 11책으로 되어 있으나, 그 중 제11책과 제13책이 없어져 버려 그 책이 빠진 채로 현재 고려대학교 박물관에 소장되어 있다. 24권까지는 서울을 비롯, 경기·충청·경상·전라·강원·황해·함경·평안 등 8도의 주현(州縣)을 소개하고 있으며, 그 뒤에는 산수고(山水考)·변방고(邊防考)·정리고(程里考)·방여총지 (方輿總志)·역대지(歷代志) 등을 첨부하고 있다.

그는 《삼국사기》 《고려사》 《동국여지승람》 등을 뒤져 새로운 지식과 사실들을 채집, 여기에 수록한 것이다. 그는 이처럼 지지(地志)와 지도를 저작하는 데에 역사적인 면을 함께 담은 것이다.

김정호의 대표작이라고 할 수 있는 《대동여지도》는 철종 12년에 완성되었으며, 《대동지지》와 연관이 되는 책이다. 그가 스스로 판각하여 인포하였으며 3년 후인 고종 1년에 다시 찍어 냈으므로 두 가지가 함께 전해 내려오고 있는 셈이다. 내용은 전국의 산맥·산·하천의 명칭과 영아(營衙)·읍치(邑治)·성지(城址)·진보(鎭堡)·역참(驛站)·창고(倉庫)·목소(牧所)·고진보(古鎭堡)·봉수(烽燧)·능침(陵寢)·방리(坊里)·고현(古縣)·고산성(古山城)·도로 등 광범위하다.

지도 작성의 기본방식은 《청구도》와 마찬가지로 10리 축척(縮尺)의 방안을 이용하고 있다. 방안의 내부나 그 주위는 전혀 도면에 나타나지 않고, 그것을 밑받침으로 하여 제1첩도(帖圖) 첫머리에 견본으로 붙이고 있다. 즉, 그 방안은 방(方) 10리(서경(叙經) 14리)로 한 폭의 가로가 80리, 세로가 120리 크기를 나타낸다. 그리고 그 도면에는 단지 도로선표(道路線表)에 10리 간격으로 점을 찍어, 도로 자체의 길이뿐만 아니라 그 주위 지역들과의 거리도 짐작할 수 있도록 되어 있다. 이것이 《청구도》보다 한걸음 앞선 점이다. 《대동여지도》는 각지와 연결된 도로망은 그물을 친 것처럼 가로 세로 사면 팔방으로 뻗쳐 있고, 구불구불한 산맥, 강의 분류와 지류들을 상세히 그려 넣었으며, 특히 산악의 모습을 세심하게 표기해 넣음으로써 보는 사람들이 알기 쉽게 입체감을 돋우고 있다.

또 《대동여지도》는 모두 22층으로 분리되고 첩은 연폭(連幅)을 접어 책자가 되도록 하였다. 22첩을 각각 펼쳐서 순서대로 연접시키면 그대로 전국의 지도가 되도록 고안하였으니, 그 간편함과 실용성이 현대적인 지도와 거의 맞먹는다고 할 것이다.

≪대동여지도≫는 이처럼 ≪청구도≫를 다시 정리한 것이지만, 종래의 산천 지도와 도리표(道里表)를 참고로 하여, 일반이 해독하기 쉽도록 간편하고 실용적이며 과학성을 띠도록 심혈을 기울인 만년(晩年)의 역작인 것이다. 이 지도가 얼마만큼 잘 짜여진 것인가는 70여 년 전 바로 청일전쟁(1894년) 당시 일본인이 군용지도로 대용하였다는 사실에서도 알 수가 있다. 군용지도라면 목숨을 건 작전에 사용하는, 정밀·정확을 생명으로 하는 것이 아닌가? ≪대동여지도≫는 이처럼 현대의 실측지도가 나오기까지는 실리성과 실용적 가치를 가진 지도로서, 한국토(韓國土)의 실상을 떠담았던 용기(容器)였다고 할 수 있다.

김정호는 중국의 ≪방여기요(方輿記要)≫에서 이 지도의 구상에 대한 힌트를 얻었다. 지리의 험이(險易)가 군사행동에 얼마나 절실한 영향을 끼치며, 위정자가 재정수입을 끌어내고 변방 요새를 파악하고 수리(水利), 경작지의 유무, 민정과 풍속 등을 낱낱이 알아냄으로써 정리하는 데 얼마나 필요한가를 지적한 것이다. 그는 이 말들을 이용하여 스스로 ≪대동여지도≫를 작성한 동기와 의도를 밝힌 것이다. 불우한 계급의 출신으로 이렇다 할 출세도 하지 못하고, 빈한한 생활 속에서 오직 자기의 학문과 기술에만 몰두할 수 있도록 만든 원동력도 이러한 사명감과 연결된 데서 솟아났을 것이다.

내우외환이 겹친 시대였던 만큼 상세하고 정밀한 지도나 지지(地志)가 국가적으로 아주 중요한 것이었다. 그는 애국애족의 심혈을 바로 ≪대동여지도≫의 완성에 바친 것이다.

그가 남긴 ≪대동여지도≫는 1936년 경성제국대학 법문학부에서 규장각 총서 제2별책 ≪대동여지도≫ 축쇄판과 그 부록으로 소재지명 색인이 영인되기도 했다.

≪대동여지도≫의 연구에 대해서는 정인보·이병도·홍이섭 씨 등이 관심을 보여 오고 있으며, 김정호의 전기(傳記) 등이 아직 제대로 잡히지 않고 있으므로 탐구할 과제들어 많이 남아 있다고 보겠다.

동학운동과 천도교

　조선왕조는 그 말기에 이르면서 탐관오리의 갖가지 행패, 과중한 조세 착취 등 누적된 정치의 부정부패로 농민들이 심한 고통에 신음하게 되었다. 이러한 힘의 진공상태 속에 일제(日帝)를 비롯한 외국세력이 밀려들게 되어, 국가는 위기의 소용돌이 속에 휘말리는 한편, 농촌의 인적 계층도 점차 변천하여 농민의 사회의식을 일깨우는 데 적잖은 자극을 주었다. 농민들은 이러한 현실에 대해 점차 반발의 태도를 가중해 갔다. 막연하게나마 외국의 침략을 물리치고 정치의 개혁을 요구하는 풍조가 일어났다. 이러한 농민들의 욕구불만을 하나의 운동으로 집약한 주체가 동학당(東學黨)이다. 신흥 종교인 동학은 1860년(철종 11년)에 최제우(崔濟愚)가 창설하였다. 불교·유교 등 기존의 종교들은 이미 부정부패가 만연하고 있는 현실 상황에 물들어 민중을 이끌고 구제할 수 있는 바탕을 상실했다. 이러한 어지러운 정세를 배경으로 경주 출신의 최제우는 제세구민(濟世救民)의 기치를 내세우고 서학(西學) 기독교에 대항되는 민족

고유의 종교를 안출해 낸 것이다. 그는 종래의 풍수사상
과 유·불·선(仙)의 교리를 토대로 '인심이 즉 천심'이
라는 인내천(人乃天) 사상을 전개하였다. 이 사상의 원
리는 인간의 주체성을 강조하여 지상 천국의 이념과 만
민평등의 이상을 실현하는 것이다. 따라서 신분차별 등
에도 비판적이어서 적서(嫡庶) 제도 등을 부인하였다.
이처럼 현실구제에 어필되는 민중적 교리는 빈곤과 질
병에 허덕이던 삼남지방에 특히 크게 파급되었다.

  이 종교의 창시자 최제우는 본래 몰락한 양반집 서출
(庶出)로, 일찍 부모를 여의고 어려서부터 한문을 익혔
으며, 한때 아내의 고향인 울산에 내려가 행상 노릇을
하며, 전국 방방곡곡을 떠돌아 다니면서 민중의 비참한
생활을 몸소 실감하였다. 그는 1855년(철종 6년)부터
양산군 천성 내원암에서 수도 생활을 시작하여 5년 후
천주강림(天主降臨)의 도를 깨닫고 동학을 창설한 것이
다. 그는 포교를 시작한 지 3년 만인 1864년에, 혹세무
민(惑世誣民)의 죄로 마침내 처형당했다. 그 뒤를 최시
형(崔時亨)이 2대 교주로 취임하였는데, 비밀리에 교조
의 유문(遺文)인 ≪동경대전(東經大典)≫ ≪용담유사
(龍潭遺詞)≫를 간행하는 등 교리의 체계화와 교세확장
에 몰두했다. 이 무렵 중국에서는 태평천국의 난과 영
불연합군의 북경입성 등 외세침략이 본격화하여, 그 여
파는 한반도에도 밀려들었으니 열강들의 세력침투가 시

작되어 민족적인 위기를 조성하였다. 특히 서학(천주교)의 전래는 사상과 풍토가 판이한 우리나라에 충격과 위화감을 심어 주었다.

동학은 광범위하게 농촌 밑바닥에 파고들어 민중을 결집하는 데 성공했다. 전국 각지에 그 세포조직인 포(包)를 설치하여 접주(接主)로 하여금 통솔케 하고, 그 위에 여러 접주 중에서 유력한 사람을 골라 뽑아 도접주(都接主) 또는 대접주를 두고 여러 포를 통솔케 하는 한편, 교장·교수·도집·집강·대정·중정 등 6가지 직분을 두었다. 이처럼 정비된 조직을 바탕으로 한 동학은 교조 최제우의 신원(伸寃)운동을 일으켰다. 1892년(고종 29년) 12월 제2대 교주 최시형의 통문에 의하여, 전라도 삼례에 모인 수천 명의 교인은 진정서를 가지고, 동학의 탄압과 동학·서학의 혼동을 반박하였다. 감사는 폭동을 두려워하여 동학교도의 탄압을 금하는 관문을 발표, 교도들은 더욱 기세를 올려 다시 전국에 통문을 돌려 교주의 지휘 아래 중앙정부에 교조신원을 진정할 것을 결의하였다. 이듬해 박광호(朴光浩) 등 2만여 명의 신도들이 상경하여 진정을 올렸다. 상소문 가운데에는 외국인 배척의 내용이 들어 있었으며, 서울 각처의 외국인 영사관·교회·주택 등에는 외국인의 철수를 요구하는 각종 전단이 붙어 있어 외국인과 조정에 모두 큰 충격을 주었다.

당황한 조정에서는 호조참판 어윤중을 양호선무사(兩湖宣撫使)로 보내어 동학교도들을 무마시키도록 하는 한편, 장아영령병관(壯衛營領兵官) 홍계훈에게 군대를 주어서 청주에 진군시키고, 뒷구멍으로는 청의 원세개에게 후원을 청하였다. 동학교도들은 그들의 진정이 효과를 못 거두자, 4월 26일 전국 교도 2만여 명을 충청도 보은에 소집, 외세를 배척하는 '척왜양창의(斥倭洋倡義)' 깃발을 휘두르면서 기세를 올렸다. 이들은 선무사 어윤중의 무마로 일단 해산, 사태는 표면상 수습된 듯했으나, 결과는 오히려 정부의 무능을 노출시킨 것으로 나타나, 이듬해인 1894년에는 전국에 걸친 본격적인 농민운동으로 크게 확대되었다. 동학 농민운동의 진원지인 전라도는 원래 기름진 곡창지대로서 전통적으로 관리의 토색질이 가장 심하여, 조선왕조 말 고종 때에도 26차례나 민란이 일어났다. 이 중 특히 고부(古阜)의 민란은 이 운동의 직접적인 동기가 되어 흔히 동학혁명의 출발점으로 잡는다.

고부군수 조병갑은 부임 이래 그의 아버지의 기념비를 세운다는 효도의 명분을 내세워 강제로 1만여 냥을 징수하는가 하면 만석보(萬石洑)의 수세(水稅)를 비롯, 황지과세(荒地課稅)·불효불목죄명(不孝不睦罪名)·대동미(大同米)·건비(建碑) 등 각종 세금을 강징하여 근 3만 냥이나 되는 거액을 착복한데다 공사에 농민을 강제 동원시켰다. 격분한 농민들은 한문 훈장 전봉준을 선두로 1893년 12월과 이듬해 1월 두 차례에 걸쳐 군수에게 시정을 진정하였으나, 체포되거나 축출당하는 등 냉정한 대접을 받았을 뿐이었다. 마침내 1천여 명의 농민들은 1894년(고종 31년) 2월 15일 전봉준의 지휘로 관아를 습격, 세미(稅米)를 털어 빈민에게 나눠 주고 만석보의 저수지를 파괴하고 해산했다. 안핵사 이용태(李容泰)가 이때 봉기한 농민들을 동학도로 취급하여 탄압하자, 다시 격분한 농민들은 4월 하순 보국안민(輔國安民)을 부르짖으며 백산(白山)까지 진격하여, 부근의 농민 수천 명의 호응을 얻었다. 이때부터 전봉준을 총대장, 김개남·손화중을 장령(將領)으로 삼아, 전열을 가다듬은 농민군은 규율과 체제를 엄격히 지키면서, 폐정(弊政) 개혁의 요건으로 양반의 부당한 가렴주구를 배격하고 부정부패를 근절하도록 절규하였으며, 한편 민원의 대상이 된 외국상품과 상인의 몰지각한 상행위를 반대하면서 그 기세를 크게 떨쳐갔다. 이 당시의 농민봉기는 동학과 직접적인 관계는 맺고 있지 않았으나 농민의 조직은 동학의 조직을 활용하였으며, 자연 그 지도층은 동학교도가 많이 차지하고 있었다. 이 해 5월 11일에 농민군은 전주에서 원정 온 1천여 명의 관군과 보부상군을 격파하고, 무장·영광으로 진격하여 군기를 뺏고 죄인을 석방하는가 하면 탐관오리도 추방하였다.

당황한 정부는 홍계훈을 양호초토사(兩湖招討使)로 임명하고, 1천여 명의 군사를 군산에 상륙시키는 한편, 다시 500여 명을 증원하여 법성포에 상륙시켰으나 농민군에 패했으며, 농민은 파죽지세로 밀고 나가 5월 31일 전주를 점령하였다. 이즈음 동학군은 수천 명에서 수만 명을 헤아릴 정도로 그 군세가 크게 불어났는데, 동학혁명 기록의 한 구절 〈양호초토등록(兩湖招討謄錄)〉에 의하면 이렇게 호소하고 있다.

'우리들은 비록 재야의 유민(遺民)이나 군토(君土)를 먹고 군의(君衣)를 입고 있으니 국가의 위망을 앉아서 볼 수는 없다. 팔로(八路)가 동심(同心)하고 억조(億兆)가 순의(詢議)하여, 이제 의기(義旗)를 들어 보국안민을 사생(死生)의 맹세로 삼는다.'

6월 8일 청나라의 원군이 아산만에 도착하고 잇따라 일본 정부는 천진조약에 의하여 거류민 보호를 구실로 6월 7일 출병할 것을 결정하였다.

두 나라 사이의 불안스런 긴장과 갈등에서 험악한 분위기를 예상한 정부는 동학군을 회유하여 휴전을 교섭, 12개 조에 걸친 광범한 폐정개혁을 조건으로 하는 강화를 쌍방간에 맺었다. 그 내용은 다음과 같다.

① 동학교도와 정부는 서정(庶政)에 협력할 것

② 탐관오리를 숙청할 것

③ 횡포한 부호를 처벌할 것

④ 불량한 유림(儒林)과 양반을 처벌할 것

⑤ 노비문서를 태워 버릴 것

⑥ 7종의 천인에 대한 대우개선을 할 것

⑦ 과부의 재가를 허락할 것

⑧ 무명잡세(無名雜稅)를 폐지할 것

⑨ 문벌을 타파하고 인재를 등용할 것

⑩ 일본과 밀통하는 자를 엄벌할 것

⑪ 공사채(公私債)를 면제할 것

⑫ 토지는 평균으로 분작케 할 것

대부분의 동학군들은 각기 고향으로 돌아가 전라도 5 3군에 집강소(執綱所)를 설치하는 등, 그들 세력을 조직화하여 자치적 민정기관을 통해 그들의 주장을 관철하려고 노력하였다.

그러나 동학군이 일단 퇴각한 후 정부는 이 강화조건을 이행하지 않았을 뿐 아니라, 동학혁명을 구실삼아 한반도에 진주한 청일 양국은 전쟁상태에 돌입하게 되었다. 청군과 일본군은 이 해(1894년) 6월 9일부터 1만 명의 군대를 인천에 상륙시켜 왕궁을 점령하고 7월 26일에는 청일전쟁을 일으켰다. 급변하는 정세에 대처하기 위해 동학군은 10월 12일 삼례회의를 열었다. 전봉준·김개남 등 과격파는 최시형·이용구 등 온건파의 타협론을 물리치고 전국적인 봉기를 결의하였다. 전봉준의 10만 호남군과 손병희의 10만 호서군은 3로로 나뉘어, 논산을 거쳐 공주에서 관군과 일본군의 연합군과 대결하였다. 격전분투하였으나 근대식 훈련과 장비를 갖춘 일본군을 당해내기는 어려웠다. 패퇴한 전봉준은 재기를 꾀했으나 배반자의 밀고에 의해 그해 11월 순창에서 체포되어, 이듬해 3월 서울에서 처형당함으로써 1년여에 걸친 동학 농민운동은 30~40만 명의 희생자를 내고 일단락되었다.

이상에서 살펴본 바와 같이 동학 농민운동은 부정부패의 비정과 외세의 압력에 항의하여 일어난 민중 사회운동이요 민족 독립투쟁이었다. 김상기 박사는 최제우의 인내천주의(人乃天主義) 사상체계를 루소의 ≪민약론≫에 비교했다. (≪동학과 동학란≫)

프랑스혁명에서 계몽사상이 민중을 일깨우고 자극하는 선도적 역할을 한 것과 마찬가지로, 최제우의 동학사상은 동학 농민운동에서 계몽적 역할을 했다는 견해다. 그는 동학이 단순히 혁명을 위한 수단에 불과했다는 것과 단순한 종교였다는 견해를 반박한 것이다.

이병도 박사도 이와 유사한 견해를 펴고 있다.(〈동학란의 역사적 의의〉 ≪사상계≫ 1954년 11월호)

'이 민란은 단순한 농민 폭동에 불과한 듯하나 폭동의 두목이 전봉준이란 뚜렷한 동학교인이었고, 또 그후 진전된 난에 있어서도 동학교도가 중심적으로 영도적인 역할을 한 것을 보면, 단순한 농민만의 폭동이라고 할 수 없는 것이다. ……동학교문(東學敎門)은 원래 농민노예를 많이 내포하여 가지고 있었고, 또 농민노예와 교도들의 특권계급에 대한 불평불만의 감정이 자연 공통상합하였으며, 또한 거기에 교도들의 선동과 자극이 있었던 것으로 보아야겠다.'

한우근 교수는 좀더 구체적으로 동학 농민운동의 의의와 성격을 규정짓고 있다. (〈동학란의 기인에 관한 연구〉 《아시아 연구》 제16호)

'단적으로 말하여, 동학란은 개항 이래로 전근대적인 경제체제를 무너뜨리며 침투하여 온 일본의 자본주의 세력, 재정 곤란으로 허덕이던 당시 조선 정부의 이에 대한 대처, 즉 전근대적인 경제체제를 더욱 경화시켜 가려던 그 추향(趨向), 그리고 이 같은 외래세력과 조선정부와의 이중적인 침학(侵虐) 밑에 허덕이던 농민, 이 3자의 이해상반의 대립 속에서 일어나게 된 농민의 항거였던 것이다.'

이와 같이 동학혁명은 양반사회와 관료제도의 부정부패, 외국의 침략에 대항하여 봉기한 최초의 민중운동이었다. 지도층의 결핍과 국제정세의 불리한 여건 등으로 비록 실패로 돌아갔지만, 그 이후의 역사에 커다란 영향을 주었다. 위정자의 반성과 각성을 촉구하여 갑오경장이란 정치개혁을 가져온 것이다.

그 이후 동학은 1905년 12월 1일, 3대 교주 손병희에 의해 천도교로 개칭되었다. 동학혁명이 실패로 돌아가자 대부분의 교인은 흩어지고 2대 교주 최시형은 처형을 당해, 3대 교주가 된 손병희는 일본으로 망명, 교세를 다시 정비할 계기를 엿보고 있었다. 그러던 중 조선에서의 일본의 지위가 점차 굳혀져 가자, 교도 중의 이용구 등은 동학의 기반을 이용하여 진보회를 조직, 송병준의 일진회와 합작하여 친일정당으로 기울어 정치활동을 벌였다. 손병희는 이에 대한 반발로 교명을 천도교로 바꾸고, 1906년에 귀국하여 교회의 재건에 착수했다. 천도교 대헌(大憲)을 반포하는 한편, 중앙총부를 서울에 두고 대도주가 되어 지방을 72개 대교구로 분할, 교령으로 하여금 이를 관할하게 하였다. 또한 순수한 교단(敎團)을 표방, 교회의 정당운동을 반대하여 친일정당의 색채를 띤 이용구 등 60여 명을 출교 처분하고, 교리·교본·교제(敎制)·수도 조목(修道條目)의 오의(五疑: 주문·청수(淸水)·시일(侍日)·성미(誠米)·기도)를 제정하는 등 교풍쇄신에 일대 박차를 가했다. 1919년 3·1 운동 때에 그 중추적 역할을 맡아, 그로 인해 일제에게 더욱 세찬 탄압을 받는가 하면 재정난이 겹쳐 분파에 휩쓸리기도 했다. 해방 후에는 교파의 통일을 촉진하여 교세의 확장에 주력해 왔다.

천도교의 교지는 우주의 주재자인 천주의 조화를 믿는 것, 천도를 따르자는 것이다. 인간은 바로 이 천도를 알고 순응하며, 천주의 마음을 내 안에서 찾고 나의 행동을 천주의 조화와 일치시킴으로써, 인간은 신선이 되고 지상천국을 이룩할 수 있다는 것이다. 천도교에 있어서의 천주는 유일 절대의 인격신(人格神)으로서, 이는 인간의 마음을 통하지 않고는 절대적 활동, 즉 조화를 이룰 수 없다는 것이다. 이와 같은 관점은 우주의 활동을 인격적인 것으로 보는 인간지상주의를 말하는 것이다. 우주의 모든 현상을 자율적 변화과정으로 설명하여, 우주는 성하는 새 것과 쇠하는 낡은 것이 교체되면서, 자연계와 인간계가 생장·발전한다고 본다. 따라서 천도교의 세계관은 지상천국의 건설을 최고의 이상으로 삼고 있다. 주관적으로는 개인의 인격을 완성하여 정신 개벽(開闢)을 하는 것이며, 객관적으로는 평등한 사회를 건설하고 천도에 순응하는 인간성 본연의 윤리적 사회를 이룩하여, 세계의 신앙을 통일, 세계의 일가를 수립하자는 것이다. 이처럼 인격신의 사상은 천도교 특유의 것으로서, 인류의 보편타당한 휴머니즘 이념에 충실하고 있다고 보겠다.

현재의 천도교회 제도는 중앙기관인 중앙총부와 지방기관을 각 지방에 종속시키고 있다. 중앙총부에는 자문기관인 현기실(玄機室), 집행기관인 교령사(敎領司),

의결기관인 종의원(宗議院), 징계기관인 감사원을 두고, 순수 정신면의 속인제(屬人制) 조직인 연원회(淵源會)가 있다. 중앙총부는 서울에 두고 각 군에 교구(敎區), 각 면에 전교실(傳敎室)을 설치, 그 밑에 부(部)라는 세포조직이 있다. 최고 의결기관은 전국 연차대회이며 지방에는 연차교구대회가 있다. 중앙총부는 재단법인체의 이사회를 구성하고 그 전위단체로서 동학회·부인회·학생회와 기관지 〈신인간(新人間)〉이 발간되고 있다. 천도교 중앙총본부는 서울 종로구 경운동 88번지에 있으며 현재의 교령은 최덕신(崔德新) 씨다. 1백만 신도를 포용하고 있는 한국 최대의 고유종교로서 발전하고 있는 것이다.

독립협회

구한말 파상적으로 번져드는 외세의 압박과 정부의 외세 의존 정책에 반대하는 개화의 지혜와 행동을 결집한 최초의 결사로서 1896년 7월 독립협회가 창설되었다.

구한말 당시 정치정세는 외세의 소용돌이에 휘말려 걷잡을 수 없을 만큼 혼미한 상황을 맴돌고 있었다. 조정내에서는, 청국에 붙은 보수사대파와 일본에 의존하는 개화독립당 간의 권모술수, 정략적 대립이 극도에 달하여 청년층 중심의 개화파가 재래적인 인습을 타파할 것을 외치면서 구세대에 무력으로 도전한 갑신정변이 1884년에 일어났다. 이러한 개화운동의 물결은 일부 양반의 후손과 일본 등지에서의 개화사상에 영항을 받은 극소수의 청년층에 한정되어 있었으므로, 보수사대파는 오히려 이러한 개화독립당을 일본 명치유신의 아류이며 매국하는 일본의 앞잡이라고 역선전했다. 당시의 국민들은 이러한 정치정세가 한낱 당파의 이해를 앞세우는 정변에 불과한지 또는 개혁인지조차 구별하지 못하는, 극히 미숙한 정치의식의 단계에 머물러 있었으므로, 이들 개화파의 개혁운동은 국민의 지지와 협조를 물어 볼 사이도 없이 3일천하로 끝나고 말았다. 그리하여 주동인물인 박영효·서광범·서재필 등은 일본·미국 등지로 망명하여 한동안 쓸쓸한 객지생활을 하지 않으면 안 되었다.

서재필의 자서전에는 고생하던 미국에서의 생활 모습이 잘 나타나 있다.

'영어를 모르기 때문에 직업을 구하기가 퍽 곤란하였다. 나는 매일같이 이집저집 이가게 저가게로 직업을 구하러 돌아다녀 보았다. 말도 모르고 배우지 못한 이국 사람인 나를 맞아줄 사람을 쉽게 만날 수가 없었다. 그러나 천행으로 어떤 가구(家具) 영업하는 상점주인을 만나게 되었다. 그는 나를 아래위로 훑어보더니 '그러면 자네가 이것이나 돌려 보게' 하면서 광고지 몇 장을 내어 보였다. 밥상이며 의자·침대·거울들을 그린 염가 방매한다는 광고지였다.'

그는 이처럼 낯설고 말이 안 통하는 이국생활을 청산하고 1886년 1월, 12년 만에 고국 땅을 밟게 되었는데, 역시 그의 자서전에서 귀국 이유를 다음과 같이 밝혔다.

'박영효에게서 일본 사정을 듣게 되자 나는 즉각적으로 국가를 위하여 큰 일을 하여 볼 좋은 기회가 닥쳐왔다고 깨달았다. 미국에서 오랫동안 내가 마음 깊이 그리던 자유와 독립의 이상을 실천할 천재일우의 시기가 닥쳐온 것이라고 믿고 고국으로 돌아온 것이다.

그는 귀국하기 전, 같이 망명했던 동지 박영효를 워싱턴에서 우연히 만나 고국의 어지러운 소식을 들었던 것이다.

그가 귀국하였을 때는 김홍집이 총리대신, 유길준이 내무대신으로 앉아 국사는 거의 외세에 의존하는 형태로 처리되고 있었다. 왕후는 외세의 독수에 시해당하고 국왕은 자기 나라 궁궐을 떠나 공포에 떨면서 외국(러시아)공관으로 피신(1896년 2월)하는가 하면, 외국 열강들은 다투어 친선과 원조를 미끼로 던지면서, 광산 점유 등 지하자원을 차지하기도 하고 철도를 부설하고 삼림을 벗기는 등 노골적으로 침탈의 마수를 뻗쳐 왔다. 하지만 이미 부패하고 완고한 지배층은 일신의 안전과 영달을 추구하여 파벌싸움에 눈이 어두웠고 국운은 이미 다했다는 절망적 상황이 눈앞에 닥쳐왔다. 이때 문명개화와 자주독립의 근대의식에 불타 조국을 재건해야겠다고 자각한 일부 선각자와, 이를 따라 궐기한 학도들이 서재필을 주동으로 독립협회를 결성한 것이다. 이 협회는 서재필이 당시 발간하고 있던 ≪독립신문≫의 적극적인 후원으로 순수한 젊은이들의 찬동을 얻어 출범, 2개월이 채 못 되어 회원 수가 근 2만 명으로 늘어나는 선풍을 일으켰다.

서재필은 그의 자서전에 이렇게 적고 있다.

'나는 신문만으로는 대중에게 자유주의·민주주의적 개혁사상을 고취하기가 곤란할 듯하여 여러 가지로 생각하다가, 무슨 정치적 당파를 하나 조직하여 여러 사람의 힘으로 그 사상을 널리 전파시켜야겠다고 결심하고, 《독립신문》을 창간한 지 7, 8삭 후 우리 집에서 비로소 독립협회라는 것을 창설하였는데, 그때 처음 이 모임에 참가한 분들이 앞에서 말한 한때 미국 공사관에 피신하였던 이상재·이완용·이윤용·윤치호·이채연이었다. 고문은 나, 회장은 이완용, 서기는 이상재로, 이들은 세상에서 정동파(貞洞派)라고 불렀다.'

이때 서재필은 32세의 청년이었고, 이 협회를 이끌고 나온 열성회원들도 대부분 청년학도들이었다. 발기인은 안경수(安駉壽)·김가진·이윤용·김종한·권재형·고영희·민상호·이채연·이상재·현흥택·김각현(金珏鉉)·이건호·남궁억 등이고, 그후 구미시찰에서 돌아온 윤치호(尹致昊)가 가담했다.

독립협회를 결성한 개화청년들이 우선 착수한 사업은, 우리나라가 명실상부한 자주독립국이라는 것을 세계에 선언하는 일이었다. 그들은 자주독립국을 상징하는 사업으로 독립문과 독립공원의 건설에 착수하였다.

서재필은 독립문을 건립하게 된 동기를 다음과 같이 밝히고 있다.

'내가 개혁하려던 것은, 청국에 의뢰하는 사대당을 몰아내고 청국의 간섭을 받지 않고 자주독립의 완전한 국가를 만들어 보려는 것이었다. 이 때문에 나는 생명을 내어 놓고 싸우다가 도리어 역적이라는 누명을 뒤집어쓰게 되었고, 그 때문에 부모 처자까지 참혹한 최후를 당한 것이다. 나는 돌아오는 길로 우선 무악재 안의 영은문(迎恩門)이란 것을 헐어 버리고, 그 자리에 우리가 바라고 기다리던 독립문을 세우기로 한 것이다.'

독립문 건설에 소용되는 자금을 염출하기 위하여 회원들은 제각기 호주머니들을 털어, 당시로서는 거액이랄 수 있는 500만 원을 기금으로 삼았다. 협회는 특별히 입회금을 받지 않고 까다로운 입회절차를 요구하지 않았으므로 많은 청년학도들을 모을 수 있었다.

독립문의 건설을 위해서 회원은 물론 나이 어린 학생들까지도 호응하여 모금운동과 함께 협회의 조직과 활동도 점차 커졌다. 당시 상황을 《독립신문》(1896년 7월 4일자)은 다음과 같이 보도하고 있다.

'아마 조선도 차차 되어 가나 보더라. 어찌하여 그렇소, 조선사람들이 다만 자기 몸만 생각지를 않고 공심이 있어, 자기 주머니에서 돈을 끌어내어 전 인민을 위하여 무슨 일도 하고, 천추만세에 충심을 보이고 자주독립하여 세계에 동등국이 되며, 조선 대군주 폐하께서 각국 제왕들과 같은 권리를 가지시게 하려는 뜻이 있으며, 동포형제들을 위하여 좋은 일을 하여 공과 덕이 모두 끼치게 하려는 뜻이 있으며, 나라의 명예와 영광을 햇빛과 같이 빛내려는 뜻이 있으며, 자기 이름들이 천추만세에 충성 있고 백성을 위하려는 사람들로 전하려는 뜻이 있는 연고라……. 조선이 독립된 것을 세계에 광고도 하여, 또 조선 후생들에게도 이때 조선이 영원히 독립된 것을 전하자는 표적이 있어야 될 터이요, 전 조선 인민이 양생을 하려면 맑은 공기를 마셔야 할 터이요, 경치 좋고 정한 데서 운동도 하여야 할지라, 모화관에 새로 독립문을 짓고 그 안을 공원터로 만들어 천추만세에 자주독립한 공원터라고 전할 뜻이라. 이것을 할 양이면 정부의 돈만 가지고 하는 것이 마땅치 않은 까닭은, 조선이 자주독립된 것이 정부에만 경사가 아니라, 인민의 돈을 가지고 이것을 꾸며놓는 것이 나라에 더 영광이 될 터이요, 후세라도 내외국민이 이 독립문과 독립공원을 보게 되면, 건양 원년에 누구누구가 돈을 얼마얼마를 내어 전국 인민을 위하여 양생과 운동하는 데를 만들어 놓고, 조선 자주독립한 것을 경사로이 여겨 영생불멸할 표로 하였다고 할 터이니…….'

그리하여 사대외교의 치욕적 상징인 영은문이 떳떳한 자주독립의 상징물로 바뀔 때의 감격을 서재필은 다음과 같이 표현했다.

'우리나라의 독립은 껍데기 헌 문서의 독립이요, 정말 독립이라 말할 수 없다. 독립이란 그 나라 국민 전체가 원하고 힘써서 세워놓지 않으면 진정한 독립이 될 수 없다. 우리는 이제부터 옛날 종 노릇하던 표적을 없애 버리고, 정말 실질적 독립을 소원한다는 표로 이 독립문을 세우는 것이니, 우리 국민들은 이 점을 잘 생각하고 우리나라의 독립과 자유를 위하여 더

욱 분투해야 한다.'

그리고, 사대외교의 부끄러운 유물인 서대문 밖의 모화관을 개수하여 '독립관'이라 이름하고, 이곳을 독립협회의 사무소 겸 집회장소로 사용했다. 회원들은 수시로 토론회를 열고 대중을 상대로 하는 웅변술을 익혔다. 그때까지만 해도 이른바 양반정치라는 것은, 기껏 대청에 올라 앉아 청지기들이나 하급관리들에게 호령하는 정도였지, 많은 사람을 앞에 놓고 공개연설을 한다든지 옳고 그름을 토론하는 예가 없었으므로, 독립협회 회원들의 웅변 연습이나 토론은 자기의 이론전개나 화술·웅변술을 새로 가다듬는 획기적인 계기가 된 것이다. 각종 집회의 절차나 의회규칙 같은 것도 처음으로 배우게 되었으므로, 독립협회의 이 같은 활동은 의회정치 내지 근대 민주정치의 초보적 학습과정이었다.

매켄지(Mckenzie)의 ≪한국의 독립운동(Korea's fight for freedom≫에는 그 무렵 독립협회의 활동상을 다음과 같이 적고 있다.

　'입회절차가 간단하고 입회금이 없었으므로, 호기심 겸 공개집회의 방식이나 절차 또는 의회규칙을 배우기 위해 수많은 청년들이 입회하였다. 토론할 때의 논제도 교육이나 종교 같은 문제에서 점차 정치·경제 문제에 관심을 기울이게 되었으며, 처음에는 공개발언에 부끄러움을 많이 탔으나 지도를 받고 횟

수가 늘어남에 따라 많은 회원들이 매우 숙달하게 됐다. 이리
하여 젊은 웅변가들이 속출하게 됐고, 회의를 여는 절차와 태
도 및 말솜씨가 유럽의 의정단상의 의원들에 비해 과히 손색
이 없게 되었다.

독립협회가 창립된 이듬해 8월 대한제국이 탄생했으
나 나라 안 정치는 말이 아니었다. 러시아 공사 웨베르
가 가고 후임으로 대리공사 스페에르가 부임한 뒤, 그
의 책동으로 영국인 재정고문 브라운이 해임되고 그 대
신 러시아인 알렉세예프가 임명되는가 하면, 이것을 구
실삼아 영국이 한국 정부를 위협하여 다시 브라운을 복
직시키는 등 자주독립국가로서의 체통은 이미 깨어지고
있는 상황이었다.

러시아가 다시 부산 절영도를 저탄소로 요구하는 한
편, 그들의 해군을 멋대로 인천항에 정박시키는가 하
면, 이른바 한로은행(韓露銀行)을 개설하여 친러파와
공모, 조선은행·한성은행 등 우리 은행에서 관리하던
국고금과 납세금을 모조리 이관시킨다는 소문이 나돌았
다. 이처럼 정부의 무능에 따라 국가 존망의 위기에 봉
착한 독립협회는, 우선 러시아의 내정간섭을 배척하기
위해 만민공동회라는 집회를 소집하였다. 1898년 2월
독립협회는 종로 네거리에 연단을 마련하고 회원들이
차례로 등단하여 국난을 논하고, 정부의 무능을 규탄하
고 외세를 공박하는 등 일대 성토를 벌였다. 이들은 정

부 안의 외국인 고문의 해고 및 재정·군사 등의 주권 확립을 강조하고 이를 만장일치로 정부에 건의키로 했다. 만민공동회는 우리나라 최초의 근대적 민중집회이며, 또 근대적 민주정치운동의 출발점인 것이다. 이들 민중의 성토 뒤 외국인 재정고문·군사고문 등이 철수됐고, 한로은행이 폐쇄되는 등 일시적인 효과를 거두기도 했다.

이처럼 만민공동회의 투쟁이 점차 가열하여 이에 대한 민중의 지지와 성원이 커감에 따라, 정부 안의 시대착오적인 사대주의 수구파는 초조와 불안감에 휩싸여, 독립협회에 각종 중상모략을 펼쳐 왔다. 주동인물인 서재필을 축출하려 했으나 그가 미국 시민권을 가지고 있으므로 직접 손을 대지 못하고, 대신 미국공사 등을 불러 추방공작을 꾸며 그는 끝내 고국을 등지고 미국으로 떠나게 되어, 이 뜻깊은 혁신운동을 중도에서 손을 떼지 않을 수 없었다. 그러나 독립협회의 활동은 시들지 않고 오히려 더욱 열기를 띠어 갔다. 마침내 정부 안의 사대파는 보부상들을 동원하여 독립협회를 견제하기 위한 황국협회라는 반동단체를 조직하여 위협, 폭력행사로 개화운동을 막으려 했다. 그후 정부를 공격하는 독립협회와 정부를 두둔하는 황국협회 사이에는, 거의 매일 서울 장안에서 유혈충돌이 벌어져 민심은 걷잡을 수 없이 불안하였다. 이에 대해 조정에서는 고종의 조서를 발포하고 협회를 견책하려고도 하고, 또는 당시 협회장 윤치호에게 중추원 부의장이라는 감투를 주어 회유하려고도 하였으나, 독립협회는 위협이나 회유에 굴하지 않고 오히려 더욱 대대적으로 민중의 힘을 동원하였다. 그리하여 1898년 10월 29일, 관민합동으로 열린 만민공동회에는 독립협회의 청년회원들을 비롯하여 정부 대신·고급 관리·사회 유지·여성 대표·각 학교 학생·상인·승려·백성, 심지어 황국협회 대표까지 합석하여 범국민대회를 열었다. 이날 회장 입구에는 '대한독립'이라고 쓴 큰 깃발이 휘날렸으며, 부회장 이상재가 갓쓴 모습으로 사회를 맡아 보았다. 회장 윤치호는 다음과 같은 요지의 연설로 민중의 심금을 울렸다.

'이 나라가 칭제건원(稱帝建元)하고 국호도 대한이라고 하여 세계 만방에 자주독립을 선포한 것은 틀림없는 사실이다. 그러나 궁정에서는 아직도 간신 소인배가 넘나들며, 정부는 철도·광산·산림 등의 국가권익을 외국에 양도하는 데 바빴고, 증회(贈賄)·수뢰(受賂)·매관매직은 날로 더할 뿐이다……. 이 누란의 국운을 그 어찌 만회할 것이냐?'

이날 대회에서는 관민 만장일치로 다음과 같은 6개 항목을 결의하였다.

1. 외국인에게 의뢰하지 않고 관민이 합심하여 황권을 굳게 한다.

　2. 광산·철도·삼림·차관·용병 및 조약 체결은 각 부 대신과 중추원 의장이 연서 확인한 것이 아니면 무효다.

　3. 재정은 탁지부(度支部)에서만 관할하고 다른 부에서는 간섭하지 않으며 국가의 예산을 공개하도록 한다.

　4. 국가의 중대 범인은 따로 공판하여 피고에게 충분한 설명을 하도록 기회를 주어, 자기 자신이 승인한 후 죄를 주도록 한다.

　5. 칙임관(勅任官)은 대황제 폐하께서 정부에 자문한 후, 과반수 이상이 된 후에 채용하도록 한다.

　6. 전에 독립협회에서 내놓은 정부 개혁안을 곧 실시하도록 한다.

　처음에는 고종황제도 이 6개조의 실행을 약속했으나 며칠이 경과해도 감감소식이었다. 정부 대신들이 이권에만 열중하여 황제의 이목을 가렸기 때문이다. 이에 따라 독립협회는 더욱 맹렬히 정부탄핵을 외쳤고, 여기에 불안을 느낀 정부 수뇌급은 독립협회가 황제를 폐하고 공화제를 실시하려 한다고 황제에게 무고하여, 이상재 등 17명의 독립협회 간부를 체포케 하였다. 이에 독립협회는 회원을 총동원하여 체포된 자들의 석방을 요구했는데, 이에 대해 정부는 그 지지단체인 황국협회를 시켜 보부상 수천 명을 서울에 불러들여 독립협회 회원들에게 테러를 가했다. 이러한 폭력사태는 양편에 많은 사상자를 내었고, 흥분한 난민들이 대신의 집을 습격하는 등 소동을 일으켰다. 이 해(1898년) 11월, 이 사태를 수습하기 위해 황제는 부득이 내각을 개편하고, 독립·황국 양 협회 대표자에게 그들의 요구를 모두 용납해 줄 것을 약속하고 협회의 해산을 칙유(勅諭)로써 명하였다. 이로써 독립협회는 일단 해산했으나 그후에도 만민공동회라는 이름으로 존속하다가 1899년 초에 영영 해산되고 말았다.

독립협회는 이처럼 구한말 개화를 갈구하는 민중 의지의 실현기관으로 섬광처럼 반짝이다가 사라졌지만, 이들 선각자들의 용기와 지혜가 한국 근대화를 촉진하는 횃불이 되었음은 자명한 사실이다.

참고 문헌

一 然　〈三國遺事〉
金富軾　〈三國史記〉
瞻星臺　〈實測報告〉考古美術 1963년 5월호
李丙燾　〈江西古墳壁畫의 研究〉東方學志 1
金元龍　〈高句麗古墳壁畫의 起源에 關한 研究〉震壇學報 21
申采浩　〈朝鮮上古史〉
高炳翊　〈慧超 往五天竺國傳研究史略〉白性郁博士頌壽紀念佛教學論
　　　　文集
崔南善　〈朝鮮常識問答〉
玄相允　〈韓國思想史〉
柳宗悅　〈韓國의 美術〉
高裕燮　〈高麗靑瓷〉
李奎報　〈大藏刻板君臣祈告文〉
鄭麟趾・金宗瑞　〈高麗史〉
〈東國李相國集〉朝鮮古書刊行會刊
〈太宗實錄〉(1403년)
〈世宗實錄〉권 65
〈肅宗實錄〉권 53
尹根鎬　〈開城簿記研究〉
金漢周　〈韓國誌〉
〈面及洞に 關する 制度舊習研究〉朝鮮總督府
〈慣習調查報告書〉朝鮮總督府
趙斗淳　〈大典會通〉
趙潤濟　〈韓國詩歌의 研究〉
李能雨　〈李朝時調史〉

申奭鎬　〈朝鮮王朝實錄의 編纂과 保管〉
〈國譯 經國大典〉法制處刊
崔世珍　〈訓蒙字會〉
〈訓民正音（正本）〉
李丙燾　〈高麗時代의 研究〉
金水山 編　〈鄭鑑錄의〔鑑譯〕〉
細井肇 編著　〈鄭鑑錄의〔鑑譯〕〉
張德順　〈國文學通論〉
李肯翊　〈燃黎室記述〉
〈宣祖實錄〉권 27
〈征韓偉略 高麗戰船記〉
〈李忠武公全書〉圖說 거북선 條
〈備邊司謄錄〉199冊
〈僧補文獻備考〉
李家源 譯註〈春香傳〉
〈英祖實錄〉권 2
〈正祖實錄〉권 41
〈純祖實錄〉권 33
〈朝鮮史編〉권 3 任戌錄
魚叔權　〈稗官雜記〉
李晬光　〈芝峰類說〉
柳馨遠　〈磻溪隨錄〉
朴齊家　〈北學議〉
洪以燮　〈朝鮮科學史〉
〈日省錄〉
〈東經大全〉
金庠基　〈東學과 東學亂〉
李丙燾　〈東學亂의 歷史的 意義〉思想界 1954년 11월호
韓㳓劤　〈東學亂의 起因에 關한 研究〉아시아研究 제16호
〈徐在弼自敍傳〉

Mckenzie 〈Korea′s Fight for Freedom〉
〈韓國文化史大系〉(1~7) 高大 民族文化研究所
〈韓國의 名著〉玄岩社 刊
李炫熙 〈韓國現代史研究〉
天寬宇 〈言官史官〉

지은이 약력

경기고·서울대 법대 신문대학원 졸
1970년 한국일보 춘추문예(수필 부문) 당선
1968년 이래 조선일보기자

한국의 지혜 〈서문문고 171〉

초판 발행 / 1975년 4월 15일
개정판 1쇄 / 1997년 4월 15일
지은이 / 김 덕 형
펴낸이 / 최 석 로
펴낸곳 / 서 문 당
주소 / 서울시 마포구 성산동 103-7호
전화 / 322—4916~8 팩스 / 322—9154
등록일자 / 1973. 10. 10
등록번호 / 제13-16

서문문고 목록

001~303

◆ 번호 1의 단위는 국학
◆ 번호 홀수는 명저
◆ 번호 짝수는 문학

001 한국회화소사 / 이동주
002 황야의 늑대 / 헤세
003 고독한 산책자의 몽상 / 루소
004 멋진 신세계 / 헉슬리
005 20세기의 의미 / 보울딩
006 가난한 사람들 / 도스토예프스키
007 실존철학이란 무엇인가/ 볼노브
008 주홍글씨 / 호돈
009 영문학사 / 에반스
010 쯔바이크 단편집 / 쯔바이크
011 한국 사상사 / 박종홍
012 플로베르 단편집 / 플로베르
013 엘리어트 문학론 / 엘리어트
014 모옴 단편집 / 서머셋 모옴
015 몽테뉴수상록 / 몽테뉴
016 헤밍웨이 단편집 / E. 헤밍웨이
017 나의 세계관 /아인스타인
018 춘희 / 뒤마피스
019 불교의 진리 / 버트
020 뷔뷔 드 몽빠르나스 /루이 필립
021 한국의 신화 / 이어령
022 몰리에르 희곡집 / 몰리에르
023 새로운 사회 / 카아
024 체호프 단편집 / 체호프
025 서구의 정신 / 시그프리드
026 대학 시절 / 슈토롬
027 태초에 행동이 있었다 / 모로아
028 젊은 미망인 / 쉬니츨러
029 미국 문학사 / 스필러
030 타이스 / 아나톨프랑스
031 한국의 민담 / 임동권
032 비계 덩어리 / 모파상
033 은자의 황혼 / 페스탈로치

034 토마스만 단편집 / 토마스만
035 독서술 / 에밀파게
036 보물섬 / 스티븐슨
037 일본제국 흥망사 / 라이샤워
038 카프카 단편집 / 카프카
039 이십세기 철학 / 화이트
040 지성과 사랑 / 헤세
041 한국 장신구사 / 황호근
042 영혼의 푸른 상흔 / 사강
043 러셀과의 대화 / 러셀
044 사랑의 풍토 / 모로아
045 문학의 이해 / 이상섭
046 스탕달 단편집 / 스탕달
047 그리스. 로마신화 / 벌핀치
048 육체의 악마 / 라디게
049 베이컨 수상록 / 베이컨
050 마농레스코 / 아베프레보
051 한국 속담집 / 한국민속학회
052 정의의 사람들 / A. 까뮈
053 프랭클린 자서전 / 프랭클린
054 투르게네프단편집/투르게네프
055 삼국지 (1) / 김광주 역
056 삼국지 (2) / 김광주 역
057 삼국지 (3) / 김광주 역
058 삼국지 (4) / 김광주 역
059 삼국지 (5) / 김광주 역
060 삼국지 (6) / 김광주 역
061 한국 세시풍속 / 임동권
062 노천명 시집 / 노천명
063 인간의 이모저모/라 브뤼에르
064 소월 시집 / 김정식
065 서유기 (1) / 우현민 역
066 서유기 (2) / 우현민 역
067 서유기 (3) / 우현민 역
068 서유기 (4) / 우현민 역
069 서유기 (5) / 우현민 역
070 서유기 (6) / 우현민 역
071 한국 고대사회와 그 문화
  /이병도
072 피서지에서 생긴일 /슬론 윌슨

073 마하트마 간디전 / 로망롤랑
074 투명인간 / 웰즈
075 수호지 (1) / 김광주 역
076 수호지 (2) / 김광주 역
077 수호지 (3) / 김광주 역
078 수호지 (4) / 김광주 역
079 수호지 (5) / 김광주 역
080 수호지 (6) / 김광주 역
081 근대 한국 경제사 / 최호진
082 사랑은 죽음보다 / 모파상
083 퇴계의 생애와 학문 / 이상은
084 사랑의 승리 / 모옴
085 백범일지 / 김구
086 결혼의 생태 / 펄벅
087 서양 고사 일화 / 홍윤기
088 대위의 딸 / 푸시킨
089 독일사 (상) / 텐브록
090 독일사 (하) / 텐브록
091 한국의 수수께끼 / 최상수
092 결혼의 행복 / 톨스토이
093 율곡의 생애와 사상 / 이병도
094 나심 / 보들레르
095 에머슨 수상록 / 에머슨
096 소아나의 이단자 / 하우프트만
097 숲속의 생활 / 소로우
098 마을의 로미오와 줄리엣 / 켈러
099 참회록 / 톨스토이
100 한국 판소리 전집 /신재효,강한영
101 한국의 사상 / 최창규
102 결산 / 하인리히 빌
103 대학의 이념 / 야스퍼스
104 무덤없는 주검 / 사르트르
105 손자 병법 / 우현민 역주
106 바이런 시집 / 바이런
107 종교론,국민교육론 / 톨스토이
108 더러운 손 / 사르트르
109 신역 맹자 (상) / 이민수 역주
110 신역 맹자 (하) / 이민수 역주
111 한국 기술 교육사 / 이원호
112 가시 돋힌 백합/ 어스킨콜드웰

113 나의 연극 교실 / 김경옥
114 목녀의 로맨스 / 하디
115 세계발행금지도서100선
   / 안춘근
116 춘향전 / 이민수 역주
117 형이상학이란 무엇인가
   / 하이데거
118 어머니의 비밀 / 모파상
119 프랑스 문학의 이해 / 송면
120 사랑의 핵심 / 그린
121 한국 근대문학 사상 / 김윤식
122 어느 여인의 경우 / 콜드웰
123 현대문학의 지표 외/ 사르트르
124 무서운 아이들 / 장콕토
125 대학·중용 / 권태익
126 사씨 남정기 / 김만중
127 행복은 지금도 가능한가
   / B. 러셀
128 검찰관 / 고골리
129 현대 중국 문학사 / 윤영춘
130 펄벅 단편 10선 / 펄벅
131 한국 화폐 소사 / 최호진
132 사형수 최후의 날 / 위고
133 사르트르 평전/ 프랑시스 장송
134 독일인의 사랑 / 막스 뮐러
135 사서삼경 입문 / 이민수
136 로미오와 줄리엣 /셰익스피어
137 햄릿 / 셰익스피어
138 오델로 / 셰익스피어
139 리어왕 / 셰익스피어
140 맥베스 / 셰익스피어
141 한국 고시조 500선/강한영 편
142 오색의 베일 /서머셋 모옴
143 인간 소송 / P.H. 시몽
144 불의 강 외 1편 / 모리악
145 논어 /남만성 역주
146 한여름밤의 꿈 / 셰익스피어
147 베니스의 상인 / 셰익스피어
148 태풍 / 셰익스피어
149 말괄량이 길들이기/셰익스피어

150 뜻대로 하셔요 / 셰익스피어
151 한국의 기후와 식생 / 차종환
152 공원묘지 / 이블린
153 중국 회화 소사 / 허영환
154 데미안 / 해세
155 신역 서경 / 이민수 역주
156 임어당 에세이선 / 임어당
157 신정치행태론 / D.E.버틀러
158 영국사 (상) / 모로아
159 영국사 (중) / 모로아
160 영국사 (하) / 모로아
161 한국의 괴기담 / 박용구
162 윤손 단편 선집 / 윤손
163 권력론 / 러셀
164 군도 / 실러
165 신역 주역 / 이기석
166 한국 한문소설선 / 이민수 역주
167 동의수세보원 / 이제마
168 좁은 문 / A. 지드
169 미국의 도전 (상) / 시라이버
170 미국의 도전 (하) / 시라이버
171 한국의 지혜 / 김덕형
172 감정의 혼란 / 쯔바이크
173 동학 백년사 / B. 윔스
174 성 도밍고섬의 약혼 /클라이스트
175 신역 시경 (상) / 신석초
176 신역 시경 (하) / 신석초
177 베를렌느 시집 / 베를렌느
178 미시시피씨의 결혼 / 뒤렌마트
179 인간이란 무엇인가 / 프랭클
180 구운몽 / 김만중
181 한국 고시조사 / 박을수
182 어른을 위한 동화집 / 김요섭
183 한국 위기(圍棋)사 / 김용국
184 숲속의 오솔길 / A.시티프터
185 미학사 / 에밀 우티쯔
186 한중록 / 혜경궁 홍씨
187 이백 시선집 / 신석초
188 민중들 반란을 연습하다
     / 귄터 그라스

189 축혼가 (상) / 샤르돈느
190 축혼가 (하) / 샤르돈느
191 한국독립운동지혈사(상)
     / 박은식
192 한국독립운동지혈사(하)
     / 박은식
193 항일 민족시집/안중근외 50인
194 대한민국 임시정부사 /이강훈
195 항일운동가의 일기/장지연 외
196 독립운동가 30인전 / 이민수
197 무장 독립 운동사 / 이강훈
198 일제하의 명논설집/안창호 외
199 항일선언·창의문집 / 김구 외
200 한말 우국 명상소문집/최창규
201 한국 개항사 / 김용욱
202 전원 교향악 외 / A. 지드
203 직업으로서의 학문 외
     / M. 베버
204 나도향 단편선 / 나빈
205 윤봉길 전 / 이민수
206 다니엘라 (외) / L. 린저
207 이성과 실존 / 야스퍼스
208 노인과 바다 / E. 헤밍웨이
209 골짜기의 백합 (상) / 발자크
210 골짜기의 백합 (하) / 발자크
211 한국 민속약 / 이선우
212 젊은 베르테르의 슬픔 / 괴테
213 한문 해석 입문 / 김종권
214 상록수 / 심훈
215 채근담 강의 / 홍응명
216 하디 단편선집 / T. 하디
217 이상 시전집 / 김해경
218 고요한물방아간이야기
     / H. 주더만
219 제주도 신화 / 현용준
220 제주도 전설 / 현용준
221 한국 현대사의 이해 / 이현희
222 부와 빈 / E. 헤밍웨이
223 막스 베버 / 황산덕
224 적도 / 현진건

225 민족주의와 국제체제 / 힌슬리
226 이상 단편집 / 김해경
227 심략신강 / 강무학 역주
228 굿바이 미스터 칩스 (외) / 힐튼
229 도연명 시전집 (상) / 우현민 역주
230 도연명 시전집 (하) / 우현민 역주
231 한국 현대 문학사 (상) / 전규태
232 한국 현대 문학사 (하) / 전규태
233 말테의 수기 / R.H. 릴케
234 박경리 단편선 / 박경리
235 대학과 학문 / 최호진
236 김유정 단편선 / 김유정
237 고려 인물 열전 / 이민수 역주
238 에밀리 디킨슨 시선 / 디킨슨
239 역사와 문명 / 스트로스
240 인형의 집 / 입센
241 한국 골동 입문 / 유병서
242 토마스 울프 단편선/ 토마스 울프
243 철학자들과의 대화 / 김준섭
244 파리시절의 릴케 / 버틀러
245 변증법이란 무엇인가 / 하이스
246 한용운 시전집 / 한용운
247 중론송 / 나아가르쥬나
248 알퐁스도데 단편선 / 알퐁스 도데
249 엘리트와 사회 / 보트모어
250 O. 헨리 단편선 / O. 헨리
251 한국 고전문학사 / 전규태
252 정을병 단편집 / 정을병
253 악의 꽃들 / 보들레르
254 포우 걸작 단편선 / 포우
255 양명학이란 무엇인가 / 이민수
256 이육사 시문집 / 이원록
257 고시 십구수 연구 / 이계주
258 안도라 / 막스프리시
259 병자남한일기 / 나만갑
260 행복을 찾아서 / 파울 하이제
261 한국의 효사상 / 김익수
262 갈매기 조나단 / 리처드 바크
263 세계의 사진사 / 버먼트 뉴홀
264 환영(幻影) / 리처드 바크

265 농업 문화의 기원 / C. 사우어
266 젊은 처녀들 / 몽테를랑
267 국가론 / 스피노자
268 임진록 / 김기동 편
269 근사록 (상) / 주희
270 근사록 (하) / 주희
271 (속)한국근대문학사상/ 김윤식
272 로렌스 단편선 / 로렌스
273 노천명 수필집 / 노천명
274 콜롱바 / 메리메
275 한국의 연정담 /박용구 편저
276 심현학 / 황산덕
277 한국 명창 열전 / 박경수
278 메리메 단편집 / 메리메
279 예언자 /칼릴 지브란
280 충무공 일화 / 성동호
281 한국 사회풍속야사 / 임종국
282 행복한 죽음 / A. 까뮈
283 소학 신강 (내편) / 김종권
284 소학 신강 (외편) / 김종권
285 홍루몽 (1) / 우현민 역
286 홍루몽 (2) / 우현민 역
287 홍루몽 (3) / 우현민 역
288 홍루몽 (4) / 우현민 역
289 홍루몽 (5) / 우현민 역
290 홍루몽 (6) / 우현민 역
291 현대 한국시의 이해 / 김해성
292 이효석 단편집 / 이효석
293 현진건 단편집 / 현진건
294 채만식 단편집 / 채만식
295 삼국사기 (1) / 김종권 역
296 삼국사기 (2) / 김종권 역
297 삼국사기 (3) / 김종권 역
298 삼국사기 (4) / 김종권 역
299 삼국사기 (5) / 김종권 역
300 삼국사기 (6) / 김종권 역
301 민화란 무엇인가 / 임두빈 저
302 사랑 / 이광수
303 야스퍼스의 철학 사상
    / C.F. 윌레프